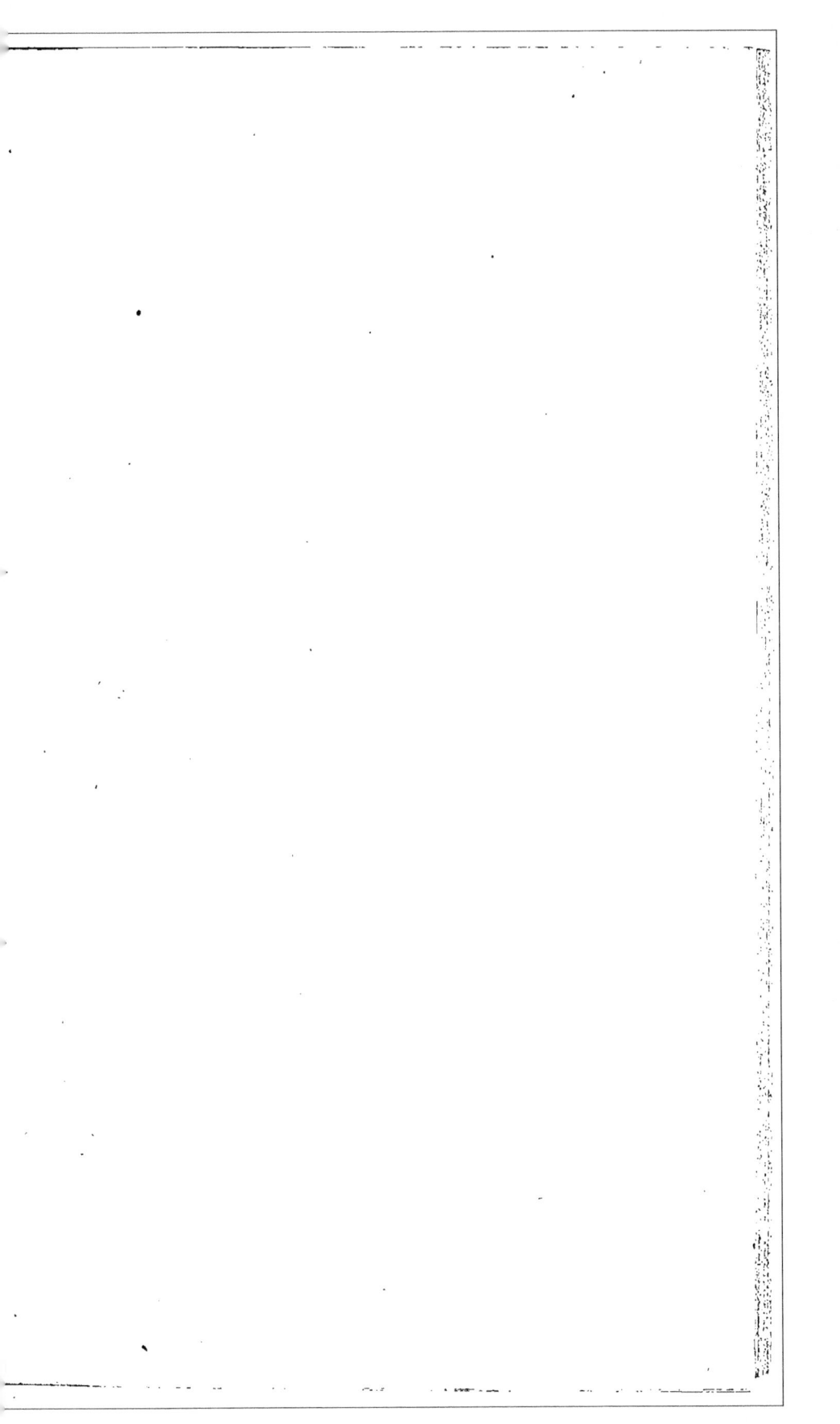

T b 64
i b 02
8°

T 2660.
A.f.m.

DU

FLUIDE-UNIVERSEL.

Se trouve à Paris ,

Chez { AM. KŒNIG, quai des Augustins.
RENOUARD, rue St.-André-des-Arts.
DELANCE, rue des Mathurins, hôtel Cluny.

DU
FLUIDE-UNIVERSEL

DE SON ACTIVITÉ

ET DE L'UTILITÉ DE SES MODIFICATIONS

PAR LES SUBSTANCES ANIMALES

DANS LE TRAITEMENT DES MALADIES.

AUX ÉTUDIANS

QUI SUIVENT LES COURS DE TOUTES LES PARTIES DE LA PHYSIQUE.

« Le feu fait partie du *fluide* que nous respirons, avait écrit M. *Brisson ;* et il est probablement la seule portion de ce *fluide* qui serve à entretenir la vie. »

MM. le Baron de *Marivetz* et *Goussier*, en citant cette phrase, ajoutent :

« Voilà bien assurément l'admission de notre *fluide universel* qui remplit tout l'espace, qui pénètre tous les corps, qui seul est le principe de toutes leurs actions, de toutes les modifications des corps organisés, végétaux et animaux. Or, on sait assez que c'est de la considération de la nature et des effets de ce *fluide universel* que nous espérons déduire d'une manière aussi claire qu'elle sera évidente, les explications de tous les phénomènes. » *Physique du Monde*, tome V. 2ᵉ. partie, pag. 59 et 60, édit. *in-4°*.

PARIS,

DE L'IMPRIMERIE DE DELANCE.

1806.

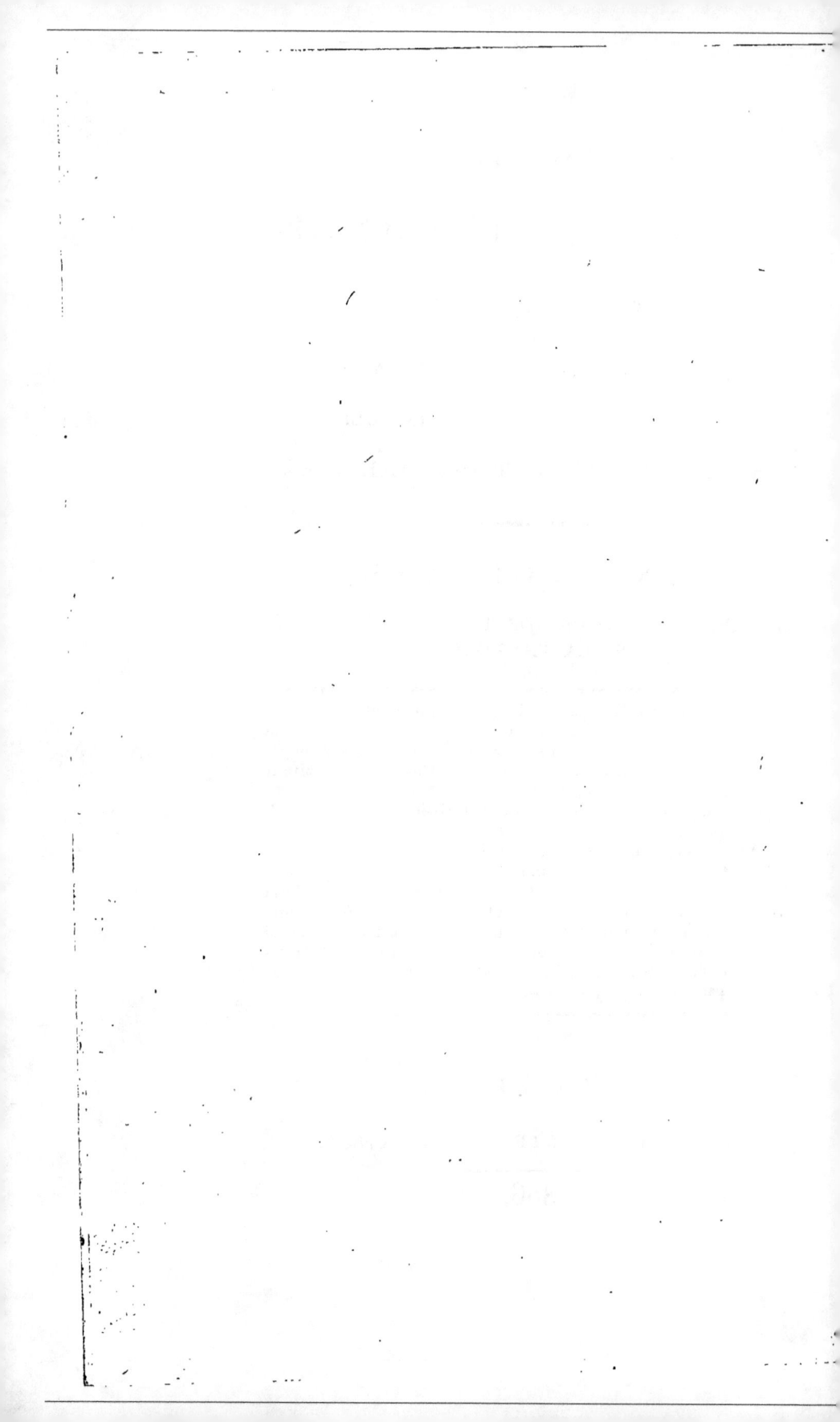

AUX ÉTUDIANS

Qui suivent les Cours de toutes les parties
de la Physique.

Des maîtres habiles guidèrent vos pre-
miers pas dans la carrière : ils vous encou-
ragèrent en vous répétant qu'il reste encore
des découvertes à faire en Physique. *Con-*
vaincus de cette vérité, interrogez la NATURE.
Agrandissez la gloire de la plus utile des
Sciences. Tout, aujourd'hui, vous doit
animer à d'importans travaux.

« Aucune question n'est oiseuse pour un
» Médecin philosophe, qui doit un remède
» ou un soulagement à tous les maux (*). »

> « Les préjugés et les préventions sont
> » autant de spectres et de fantômes qu'un
> » mauvais génie envoie sur la terre pour
> » tourmenter les hommes : mais c'est une
> » espèce de contagion qui ne cède qu'à la
> » force de l'expérience et de la raison. »
>
> BACON.

(*) Discours sur la médecine, par M. le docteur
Alibert.

L'Institut National proclama, dans une de ses séances publiques de l'an 10, la lettre du Premier Consul au Ministre de l'intérieur, par laquelle il manifeste « l'intention de fonder un prix con-
» sistant en une médaille de *trois mille francs*
» pour la meilleure expérience qui sera faite dans
» le cours de chaque année sur le *fluide galva-*
» *nique*;... et de donner en encouragement une
» somme de *soixante mille francs* à celui qui,
» par ses expériences et ses découvertes, fera faire
» à *l'électricité* et au *galvanisme* un pas compa-
» rable à celui qu'ont fait faire à ces sciences *Fran-*
» *klin* et *Volta*, et ce au jugement de la Classe
» des sciences. »

Cette Classe adopta le rapport de ses Commis-saires, et elle déclara « qu'elle n'exige pas que
» les mémoires lui soient directement adressés...
» Elle couronnera chaque année l'auteur des meil-
» leures expériences qui seront venues à sa con-
» naissance, et qui auront avancé la marche de
» la science. Le grand prix sera donné à celui dont
» les découvertes formeront, dans l'histoire de
» l'électricité et du galvanisme, une époque mé-
» morable. »

La publication de cet encouragement donna l'oc-casion d'insérer dans un des journaux qui suivirent de près la distribution de ce rapport de l'Institut, des notes indicatives des moyens de satisfaire au vœu du Gouvernement. On verra dans le cours de cet ouvrage comment on rappelait à l'*unité* (riche et *multiple* seulement par les *variétés* des *modifications* du *fluide universel*) les amis de la nature et ses admirateurs, dont les travaux pouvaient enrichir le concours ouvert sous les auspices du Pouvoir suprême.

Les couronnes et le grand prix n'ont point été distribués.

L'appel fait à la science, depuis quatre ans, n'a rien perdu de sa solennité par les délais mis à y répondre. On connaît le zèle de la Société galvanique : les talens des savans qui la composent sont les garans de l'activité de leurs recherches.

Ces délais n'attestent que l'impuissance d'une *modification* faite par les substances minérales; impuissance que partagent les *modifications* obtenues par la machine électrique, lorsqu'on veut provoquer par elle, comme par la pile galvanique, ou même par la réunion de l'une à l'autre, des phénomènes que consacreraient les cures de maladies soumises à l'action d'un *fluide* qui, en passant par les filières des substances des trois règnes, a pu faire croire à la multiplicité des fluides; mais dont le phénomène le plus étonnant et le plus précieux, dans ses applications, est de présenter à l'homme des moyens de combattre les ennemis auxquels l'expose son infirmité, lorsque ce *fluide* est mis en action conformément aux lois immuables de l'*analogie.*

Ces maux ne trouvèrent point de guérison par l'électricité, qui a pu soulager, en déplaçant momentanément des douleurs, mais sans en faire fermenter le principe, en faire la coction, en procurer l'évacuation. Le galvanisme paraît sous un *appareil* et des *formes* qui le confondent avec la machine électrique. Ses effets ne sont pas plus heureux.

Des trois règnes, le *minéral* a eu les honneurs de fixer les recherches, et de les concentrer : n'est-il pas tems enfin de les faire partager aux deux autres, le *végétal* et l'*animal*, et de solliciter des expériences nouvelles, qui appuient celles qui ont été faites ?

Nous avons pensé qu'elle était belle à défendre cette cause de deux règnes auxquels l'homme appartient, et sur lesquels la nature a voulu qu'il exerçât un plus grand pouvoir que sur les substances dérobées à ses premiers regards, cachées dans les profondeurs du globe, qu'il n'a peut-être pas toujours fouillées pour sa tranquillité et sa santé, tandis que la fertilité du sol lui présente à ses pieds la nourriture et des remèdes.

Ce motif, et le désir de répondre à l'appel qu'a fait le Gouvernement, donnent lieu à la publication de cet ouvrage, qui, depuis vingt ans, attendait que le tems eût usé la frivolité qui persifle, et fortifié l'esprit d'observation qui médite.

INTRODUCTION.

Faire des recherches, en diriger l'objet vers un but d'utilité, arriver enfin après de longs et pénibles travaux à faire une découverte avantageuse à l'humanité, n'est rien en comparaison des difficultés à vaincre, des obstacles à renverser pour la faire adopter, et même pour faire naître la curiosité de répéter les expériences qui ont guidé l'inventeur et affermi sa conquête. En croyant la sienne assurée, M. *Mesmer* était bien loin de penser que ceux auxquels il faisait l'offre de la partager, n'auraient pas ses yeux, sa pensée, son sentiment. Mais le calcul d'un bon cœur, d'une âme honnête, n'est pas celui de l'envie, de l'amour-propre. Une des faiblesses de l'homme, c'est de prodiguer très-

rarement l'encens qu'il aime à respirer.
La mesure de la vanité n'est pas celle
de la louange, dont on est avare. Lorsque cet étranger très-éclairé commença
l'heureuse application du *fluide uni-*
versel aux malades, il acquit la preuve
que heurter des opinions sans les ménagemens convenables, est un moyen
peu sûr pour faire triompher la science;
et que ne pas demander avec précaution à ses contemporains leur suffrage,
c'est se mettre dans le cas d'attendre
celui d'une génération suivante. Lorsque
les sectateurs de la doctrine de M. *Mes-*
mer enrichirent celle-ci de découvertes
nouvelles, et que quelques-uns d'eux
s'abandonnèrent à des illusions, et tra-
versèrent, pour ainsi dire, cette révolution commencée dans la science, pour
ne saisir, au delà de la vérité, que des
chimères; des intérêts particuliers firent
éloigner et différer des travaux, dont
vingt années auraient mûri les fruits.

Sans des passions, la Société les recueillerait aujourd'hui : sans de faux calculs, l'humanité en profiterait. Des préventions ont nui à l'acquisition de nouvelles richesses : la persécution qui en a différé la jouissance, a perdu son sceptre et son pouvoir. Les hommes passent ; la vérité reste. Le voile dont on la couvrait se déchire : belle alors de plus d'attraits, son éclat est plus vif, son triomphe est plus assuré : fille des Dieux, elle en a l'immortalité. Le commencement du grand siècle paraît, à son aurore, devoir effacer tous les torts dont le dernier s'est rendu coupable envers elle. Déjà se sont évanouies les ombres qui dérobaient à nos regards plusieurs de ses charmes. Les travaux les plus assidus nous en rapprochent. Ils prennent une activité nouvelle. Les savans n'ont qu'une pensée, qu'une action. Leur généreuse ambition est d'étendre le domaine de la science, à laquelle s'adresse aussi l'appel fait aux arts et à l'industrie; et, pour elle, les récompenses les plus flatteuses, les plus encourageantes, sont les avantages assurés à l'humanité. Nous ne prétendons point nous mêler dans les rangs de ces hommes distingués dont les écrits constatent les veilles qu'ils ont consacrées au culte de la nature, dont l'activité se multiplie pour la surprendre dans ses opérations, et pour lui arracher quelques-uns de ses secrets. Nous admirons leur zèle, leur ardeur. Les succès qu'ils obtiennent nous encouragent à signaler des expériences faites autrefois au milieu du tourbillon de la légèreté, et qu'il convient de renouveler dans le calme qui règne aujourd'hui, et qui laisse aux discussions utiles toute la liberté de motiver le rejet de ce qui n'est pas prouvé vrai, ou l'admission de ce qui peut enrichir le premier des arts, celui d'affaiblir, de guérir même quelques-uns des maux qui nous affligent.

Ces expériences auront un autre avantage. Elles agrandiront le tableau des merveilles de la Puissance : elles le feront briller d'un nouvel éclat. Le délire du matérialiste calmé par la connaissance de nouveaux prodiges cédera à la conviction de l'existence d'un ordonnateur suprême. Si les cieux sont les *énarrateurs* de sa gloire, s'ils attestent la force de la main qui y fixa l'invariabilité de tant de mouvemens, l'homme, et les combinaisons de ses facultés, de son intelligence, doivent multiplier les motifs de nos hommages à la Divinité, et de notre amour. C'est dans le champ de l'expérience que nous trouverons à chaque pas un autel où doit brûler notre encens.

Nous ne dissimulerons pas que de toutes les armes choisies pour frapper à mort cette doctrine, la plus acérée fut l'inculpation du matérialisme faite à ses sectateurs. Ainsi on sonnait l'alarme,

ainsi on portait le scrupule et l'effroi
sans égards pour la vérité. Ceux-là mêmes
qui colportaient cette accusation insi-
dieuse, étaient absolument étrangers à
cette découverte. Ils refusaient d'en
examiner les élémens, les principes. Leur
rôle était de crier, d'injurier, et de con-
damner. Juges, sans avoir instruit le
procès, leur code était un rapport fait
par des commissaires, qui ne dirent pas
un mot du *somnambulisme*; et qui,
par conséquent, n'avaient pas pu raisonner sur des phénomènes alors inconnus. Mais blâmer, éloigner, et proscrire
était tout ce que l'on voulait.

C'est donc de ces jugemens iniques
qu'il faut aujourd'hui porter l'appel au
tribunal de la raison, qui doit avoir
amorti les passions, et éloigné d'elle
les préventions qui bornent son culte.
Sous son empire, plus de justice sera
rendue à cette jeunesse ardente, avide
de connaître et d'apprendre, qui s'élance

dans les vastes plaines de la science avec le même courage qui assure ailleurs les succès à l'instant même où il fait les efforts pour les obtenir.

L'équité motivera mieux ses arrêts. Une instruction bien faite donnera la preuve que les admirateurs de tout ce que le *somnambulisme* présente de merveilleux, le deviennent davantage de la Puissance, qui ne pouvait mieux prouver aux faibles mortels qu'ils doivent tout rapporter à elle, et reconnaître son doigt dans chacun de ses prodiges.

En effet, un cours d'expériences faites avec les soins que nous indiquerons, augmentera les preuves que l'incrédulité et l'athéisme sont une des plus tristes folies qui puisse éloigner l'homme du point où il faut admirer les miracles de la nature, et le pouvoir de son Auteur. Nous le verrons plus grand encore, si par des recherches, des travaux et des expériences nouvelles, nous parvenons à multiplier les motifs de notre amour, de notre reconnaissance, et de nos hommages.

Il nous a paru convenable de faire précéder cet ouvrage de quelques principes qui peuvent servir à la théorie du fluide universel, *et de les faire suivre des moyens qui ont été employés pour le* modifier. *Cette marche était nécessaire à l'intelligence des phénomènes détaillés dans le dernier chapitre de l'ouvrage, et que nous invitons à vérifier par de nouvelles épreuves. Tel est le plan auquel nous nous sommes fixés.*

En écrivant, nous avons eu toujours l'intention d'être clair pour ceux à qui nous adressons cet Essai, *et pour les personnes qui, dans le monde, ne veulent pas rester indiffé-*

rentes sur les questions qui sont d'un intérêt réel. Les premiers ont contracté l'obligation de faire servir la science à l'avantage de la Société ; et ceux qui composent celle-ci peuvent ne pas négliger de connaître des moyens proposés pour lui être utile.

DU FLUIDE
UNIVERSEL.

NOTIONS PRÉLIMINAIRES.

§. Iᶜʳ.

1. Un seul *fluide* pénètre les substances des trois règnes, l'*animal*, le *végétal*, et le *minéral*.

(Voyez à l'épigraphe l'autorité de MM. *Brisson, Goussier* et *Marivetz.*)

2. Ce *fluide* peut être désigné sous le nom de *fluide universel.*

3. Chaque substance des trois règnes est organisée pour le *recevoir* et le *modifier* de la manière la plus convenable à sa *vie* et à son *existence.*

4. Une des propriétés de ce *fluide* est de se communiquer d'une substance à une autre du même règne.

5. Cette communication se fait aussi d'une substance à une autre de règne différent.

6. La substance animale *modifie* ce *fluide* au profit d'un animal avec plus d'énergie que les substances des deux autres règnes, le *végétal* et le *minéral*.

7. Les organes le *modifient* en raison de leur ton, et de leur élasticité.

8. La *vie*, la *santé*, la *destruction* de l'animal dépendent de la *présence*, de l'*énergie*, et de la *privation* de ce *fluide*.

9. Lorsque ces deux qualités essentielles, le *ton* et l'*élasticité*, existent, le mécanisme des organes aspire et *modifie* le *fluide*.

10. Dans cet état, l'*animal* jouit de la santé. (L'animalité s'entend ici de celle de l'homme.)

11. La santé perd de son énergie, et le malaise commence, lorsqu'un engorgement dans le système vasculaire gêne et *dolorise* les organes, dont alors le mécanisme aspire incomplétement le *fluide*.

12. La maladie arrive et fait sentir ses douleurs, lorsque le peu de *fluide* aspiré ne suffit point à détruire l'engorgement.

13. Dans cet état de maladie, une addition de *fluide communiqué* multiplie les

forces du mécanisme des organes. La lutte de la nature contre la maladie s'établit avec plus d'énergie.

14. Une substance *animale* saine et *analogue*, communique le *fluide* à une substance *animale* malade. Comme dans le nuage élevé dans l'atmosphère, et chargé en *plus*, le *fluide* se décharge au profit de celle qui l'est en *moins*.

15. L'*animal* cesse de vivre lorsque les organes destinés à aspirer le *fluide* n'ont plus de ressort : la mort résulte du défaut de leur mouvement.

§. I I.

16. Les nerfs font partie des instrumens du mécanisme d'aspiration du *fluide*.

17. Ils sont agacés et irrités lorsque la communication du *fluide* se fait par des milieux *inanalogues*.

18. Les milieux *inanalogues* à l'*animal* sont les substances du règne *minéral*.

19. La machine électrique communique le *fluide* par des milieux *inanalogues*.

20. Il en est de même de l'appareil *galvanique*.

21. Des secousses convulsives et irritantes peuvent déplacer la douleur, mais difficilement en détruire le principe.

22. La nature n'avoue que les moyens les plus simples.

§. III.

23. L'*analogie matérielle* d'animal à animal existe, indépendamment de toutes relations et rapports étrangers à la *matière* et à la constitution des organes.

24. Des personnes absolument étrangères l'une à l'autre, sentiront, à la premiere vue, l'existence de cette *analogie*.

25. Un mouvement de bienveillance, et un sentiment de préférence nous déterminent en faveur d'un individu, dont nous ne connaissons aucunes des qualités morales.

§. IV.

26. Dans le système planétaire où se meut le globe que nous habitons, le soleil est le moteur et le régulateur du *fluide universel*.

27. Le réservoir de ce *fluide* est la terre,

qui en livre , sans cesse, plus ou moins d'émanations à l'atmosphère, suivant l'élévation ou l'abaissement du soleil.

28. La végétation ou la vie doit sa force à l'action de cet astre , qui attire le *fluide*, et le fait passer par les organes des substances des trois règnes.

29. Sa première époque est au printems : la verdure l'embellit, et prépare la floraison ;

30. Sa seconde est la saison des récoltes ;

31. L'abaissement du soleil détermine, la troisième, la chûte des feuilles.

32. Les substances du règne animal ont une organisation dont le mécanisme *agissant* modifie le *fluide*. Elles diffèrent par là des plantes dont les filières ou organes sont seulement propres au passage du *fluide* qu'attire le soleil *vivificateur* des germes , ou qui reprend son cours par les racines. Les unes se meuvent sur la terre ; les autres y sont implantées.

33. Les productions du règne minéral sont soumises à l'action du *fluide*.

34. La forte adhérence de toutes les parties qui les constituent peut bien n'être due qu'à l'abondance du *fluide*, qui, dans les saisons où le soleil ne l'attire qu'en faible quantité,

est aggloméré au sein du globe, et y travaille avec une forte intensité, sur tous les germes des minéraux (1).

§. V.

35. Les *fluides* tendent à se mettre en *équilibre*.

56. Cet *équilibre* n'est rompu que par un mouvement et une action qui les maîtrisent.

§. V I.

37. C'est dans le mouvement qu'après l'hiver le soleil parait faire d'un tropique à l'autre, que nous devons observer l'*équilibre* du *fluide*, ou la rupture de cet *équilibre*.

58. L'action de cet astre sur le globe attire et enlève le *fluide*, dont les conducteurs naturels sont tous les globules aqueux, qui forment les vapeurs.

39. L'aggrégation de celles-ci forment des nuages isolés, et d'une inégale grandeur.

(1) Toutes les combinaisons chimiques ne sont que des résultats de modifications variées du *fluide universel* par des substances des trois règnes que le chimiste emploie.

40. Chacun de ces nuages est chargé d'une quantité de *fluide*.

41. Les uns en ont *plus*, les autres *moins*.

42. En vertu de la loi de l'*équilibre*, le nuage chargé en *plus*, se décharge sur celui qui l'est en *moins*.

43. Cette opération se multiplie jusqu'à ce qu'une masse générale, composée de toutes les petites, présente enfin un nuage chargé à lui seul de tout le *fluide* qu'avaient tous les autres nuages.

44. Chaque petit nuage a fait, en se déchargeant sur un autre, une détonation, que nous n'avons pas entendue à cause des distances, mais qui a toujours lieu lorsque le *fluide* se transmet d'un corps *mousse* à un autre corps *mousse*, et non par des *pointes*.

45. Toujours en vertu de la loi de l'*équilibre*, le *fluide* du nuage alors chargé *en plus* relativement à la terre, tend à se restituer à celle-ci.

46. Chaque mouvement de cette restitution est marqué par une détonation plus forte que les premières.

47. Si le nuage passe au-dessus des corps qui sont, par leur nature, des conducteurs du

fluide, par exemple, des pointes métalliques *à nud et sans rouille*, le *fluide* se transmet à la terre (réservoir commun) d'une manière insensible.

48. Il s'y transmet mieux, plus vîte et plus abondamment lorsqu'il pleut.

49. Chaque goutte d'eau est un conducteur sûr, et qui se multiplie.

50. L'eau a servi à élever le *fluide* ; elle sert à le ramener.

51. Si le nuage n'a pas encore donné d'eau, l'éclair est rouge ; s'il pleut, il blanchit.

52. Dans le premier cas, la cause est l'abondance du *fluide* : dans le second, c'est sa rareté, ou la diminution de sa quantité.

53. L'action du soleil renouvelle ces phénomènes.

54. Cet astre attire et enlève de nouveau le *fluide* et les vapeurs leurs conductrices.

55. L'*équilibre* se rétablit par de nouvelles restitutions du *fluide* à la terre.

56. Le son éclatant de toute détonation, se répète et se multiplie par les surfaces des corps qu'il frappe ; et il varie en raison de la position respective de ces corps.

§. VII.

57. Le *fluide*, dans les nuages, est la cause des congélations qui s'y forment.

58. Des expériences faites avec soin en renouvelleront la preuve.

59. Elles ont été publiées, il y a vingt-cinq ans, par feu *Quinquet*, élève du célèbre *Baumé*.

60. C'est au premier de ces deux chimistes que l'on doit la disposition de l'appareil avec lequel il démontra que, sans le *fluide*, il n'y a pas lieu à congélation.

61. L'aggrégation du *fluide* par le mouvement de la machine électrique occasionne les congélations de différens degrés, le *givre*, la *neige*, et la *grêle*.

62. La soustraction du *fluide*, par un autre emploi de la même machine, rétablit l'eau dans sa fluidité.

63. L'auteur de ces expériences voulut prouver par elles la théorie des paratonnères.

§. VIII.

64. Les paratonnères sont des barres métalliques et pyramidales. Le fer est préféré.

65. Trois ou quatre décimètres de leurs pointes doivent être dorés : l'or ne prend pas la rouille, qui est un obstacle à la transmission du *fluide.*

66. On place ces *barres* sur les lieux élevés, et on les y assujettit verticalement.

67. A leurs bases on fixe d'autres barres dont l'extrémité inférieure descend dans la terre, et y est maintenue avec les précautions qui peuvent empêcher la rouille.

68. Ces barres ne font qu'un tout avec le paratonnère. On les isole des édifices, toîts et murs extérieurs.

§. I X.

69. Le fer de ces barres est un conducteur du *fluide ,* lorsque celui-ci tend à se restituer à la terre.

70. Il est un préservatif de la foudre, lorsque le nuage qui en contient l'élément est au-dessus du lieu ou de l'édifice sur lequel la détonation pourrait faire des ravages.

71. En multipliant les paratonnères, on multiplie les moyens de soustraire du nuage le *fluide* dont l'aggrégation donne lieu à la formation de la grèle.

72. Le *fluide* étant soustrait du nuage, celui-ci ne contient plus que des vapeurs, qui se résolvent en pluie (1).

(1) Honneur à Franklin, qui mérita bien des hommes et des gouvernemens, en leur enseignant les moyens de maîtriser de dangereux météores !

La science fait un appel aux peuples, en leur demandant d'accélérer la multiplication des *para-tonnères*.

Cette multiplication des *paratonnères* ne doit pas s'entendre seulement de celle que l'on peut faire dans les villes, sur les édifices élevés, sur les palais, les maisons, etc., mais encore de la possibilité d'étendre aux richesses des récoltes un bienfait que l'agriculture réclame, et que le luxe s'est appliqué. Cette idée paraît gigantesque : elle suppose des moyens immenses pour faire des travaux dont la dépense est, dit-on, incalculable. Il faut la développer, et faire sentir à quoi elle réduit un vœu que la science renouvelle, chaque été, en gémissant sur les désastres dont nous sommes informés par les gazettes. L'un des plus dignes et des plus célèbres interprètes de cette science, *Dolomieu*, exprimait ce vœu avec le sentiment profond qu'il décélait toujours, lorsqu'il parlait des avantages que les arts pouvaient assurer à l'humanité. Au retour d'un voyage fait dans des montagnes et sur ses traces, qu'il avait marquées par des observations aussi utiles que curieuses, nous lui proposâmes de

75. La transmission du *fluide* par les pointes est sensible.

demander au gouvernement de faire marcher ensemble deux opérations importantes : la vérification de la carte de la France par chaîne de montagnes, et des expériences à faire par d'habiles physiciens, pour constater quelles sont les élévations susceptibles de recevoir des *paratonnéres*, en raison de leur gisement et de leur propriété électrique *positive* ou *négative*. *C'était*, nous dit-il, *son projet de faire un rapport à l'Institut sur la nécessité et la possibilité de ce travail.* Il partit quelques jours après pour les Alpes... Les arts pleureront long-tems sa perte ! Ce projet s'est évanoui. Les savans ne laissent à leurs faibles disciples ni leur crédit, ni les avantages qu'une grande considération procure auprès du pouvoir. Des siècles s'écoulent avant qu'un autre arrive au terme de la carrière, et qu'il puisse dire comme *Dolomieu* : « Rendez mes travaux utiles; je les termine en vous » indiquant les moyens d'y réussir. »

Nous rendrons hommage à la mémoire de cet illustre savant, en faisant connaître des observations qu'il trouva justes.

Il lui parut facile de remarquer, comme le font les habitans des campagnes, de quel côté de l'horison arrivent ordinairement les orages qui leur enlèvent, en un instant, le fruit d'une année de travail, et l'espérance de plusieurs qui la suivront.

74. Par un tems chaud, et lorsqu'un fort nuage orageux est presque stationnaire au-des-

Par exemple, la féconde et riche Limagne est dominée à l'ouest par les montagnes du Puy-de-Dôme; la plaine de Clermont, ville placée à une extrémité de cette belle contrée, l'est au sud par le mont *Gergovia*. C'est de ces deux points qu'arrivent les orages les plus violens, et qu'ils se déroulent avec fracas sur les vignes et sur les moissons. S'ils trouvent, en passant sur ces lieux élevés, des *paratonnères*, une soustraction du fluide faite en raison de leur multiplicité, affaiblira la quantité, la force de la grèle, ou détruira ces dangereuses congélations.

Les riches vallées en deçà des Pyrennées, les plaines de Tarbes et d'Auch sont, presque tous les ans, plus ou moins ravagées par les orages et la grèle. Ce fléau, disent les habitans, est plus fréquent depuis que les gorges de ces montagnes sont dégarnies de forêts. En effet, les arbres offraient des conducteurs; et leur réunion formait, pour ainsi dire, un immense *paratonnère*. Ils neutralisaient ces orages formés dans des climats brûlans, et qui trouvent aujourd'hui un libre passage à l'entrée de plusieurs de nos départemens du midi.

Nous ne ferons qu'une très-courte réponse aux objections contre les dépenses du moyen préservatif que donnent les *paratonnères* : c'est que si les Romains qui ont fait tant de travaux pour tracer et affermir des chemins, pour conduire des

sus d'un édifice armé de paratonnères, on voit
dans l'obscurité des aigrettes lumineuses sur
les pointes.

eaux, eussent eu les connaissances en physique des
Nollet, des *Brisson*, des *Franklin*, des *Bertollon*, etc., nous verrions encore à présent des restes
de monumens élevés pour garantir et assurer les
récoltes. Ce peuple ne calcula jamais les difficultés
que pour les vaincre. Plus éclairés qu'eux dans les
arts qui doivent quelque perfection aux connaissances physiques, resterons-nous au-dessous du
point où ils se fussent élevés, si les expériences
faites en Europe depuis cinquante ans, leur eussent
été connues ?

Mais l'économie peut s'allier ici à l'exécution.
Une espèce de mât enté de plusieurs brins, terminé
par une verge conique de fer, dont on dore la
pointe, une chaîne qui descend dans la terre forment
un *paratonnère* très-bon.

Nous plantons partout des arbres pour avoir des
fruits : plantons des *paratonnères* pour assurer les
récoltes. Peut-être qu'un jour on trouvera les moyens
de démontrer que leur efficacité, leur utilité, leur
service ne dépendent pas de leur nombre. Mais
faisons toujours le bien : nous ferons le mieux après.

Nous avons remarqué que les habitans d'un de
nos départemens du midi, où nous faisions des
observations météorologiques, concevaient avec fa-
cilité la théorie des orages, lorsque deux années

75. Lorsqu'il commence à pleuvoir, ce phénomène cesse.

76. L'eau est le premier conducteur du
fluide : le fer et les métaux sont conducteurs
du second ordre. Les corps mouillés ou hu-
mides viennent après. Dans cette dernière

successives de ravages de la grêle venaient de rendre
plus sensible pour eux ce fléau. « *Que l'on nous*
» *envoie,* disaient-ils, *des physiciens pour poser*
» *des paratonnères, nous en paierons les frais.* »

Nous indiquerons avec la reconnaissance que
l'amour des arts utiles inspire, et que la société doit
à ceux qui les cultivent, le physicien le plus exercé
dans la construction et la pose des *paratonnères.*
M. *Beyer,* rue de Clichy, n°. 16, a été guidé par
Franklin dans la meilleure disposition de ces pré-
servateurs de la foudre. Le Gouvernement l'a chargé
de la surveillance des *paratonnères* élevés sur les
Palais et monumens publics. Jamais confiance ne fut
mieux placée. M. *Beyer* justifiera celle des curieux :
sa maison leur est ouverte. On y admirera un cabinet
enrichi des machines ingénieuses qui servent à constater l'identité du *fluide* électrique, et du feu de
la foudre. Une multitude d'autres objets fixera l'attention des amateurs. Elle donnera une idée de
l'étendue des connaissances d'un homme modeste,
qui consacre tout son tems à multiplier des expériences dont l'utilité peut être applicable à la Société.

classe, sont les arbres et les végétaux plus ou moins chargés de sève. Ils sont dans la seconde, lorsqu'ils ne sont pas dominés par des pointes métalliques plus élevées qu'eux.

77. Chaque goutte de pluie, chaque grain de grêle ramène une quantité du *fluide*.

78. *Bertollon*, surpris d'un violent orage dans la campagne, descend de son cheval, et observe que chaque grêlon qui frappe les parties de cuivre de la selle, produit une étincelle.

79. La goutte d'eau transmet le *fluide*, en s'étendant, d'une manière insensible : sous ce rapport, toutes ses parties sont *pointes*.

80. Le grêlon le transmet par un seul point, et par secousse : c'est le globule d'un conducteur qui fait étincelle.

Nous venons d'exposer dans les paragraphes précédens les principes sur lesquels s'appuie la théorie du mouvement du *fluide universel*.

Voyons les procédés dont on s'est servi pour le *modifier*, et pour en faire diverses applications.

CHAPITRE

CHAPITRE PREMIER.

Des machines électriques.

LES expériences ont prouvé que le *fluide universel* pouvait être *modifié* par des milieux pris dans les trois règnes.

Les animaux, les végétaux, les minéraux sont des conducteurs de ce qu'on a nommé électricité. Ne parlons ici que des derniers.

Des épreuves de transmission du *fluide* par la machine électrique, conduisirent à en faire l'application à des malades. La science ne peut être mieux ennoblie qu'en la faisant servir au profit de l'humanité.

On a vu que des secousses réitérées ranimaient quelques organes des paralitiques. *Ledru*, connu davantage sous le nom de *Comus*, fut encouragé par le Gouvernement à électriser des malades. Il fit des essais sur différens sujets, dont la variété des maux ouvrait une vaste carrière à cet électro-praticien. La nouveauté et la mode amenèrent la foule dans son cabinet. Quelques soulagemens ont pu

faire exalter un moment les avantages des
commotions électriques ; mais le retour et la
ténacité des maux firent disparaître l'espérance et ses charmes.

Dans ces expériences, l'empressement de
les rendre utiles éloignait l'électriseur de l'application essentielle des principes de l'*analogie.* Celle-ci est indispensablement nécessaire.

Les filières métalliques n'ont aucune assi-
milation avec les filières organiques animales :
entre elles nulle *analogie.*

Le principe de vie ne se *modifie* pas également et par les mêmes milieux pour les
métaux et les animaux.

L'irritation qui déplace un moment la douleur est le seul effet que l'on pouvait attendre
d'une commotion même multipliée du *fluide*,
et de sa transmission par des milieux qui la
dénaturent, relativement à la composition organique de la substance animale.

On fait donc peu d'usage d'un moyen qui
a cessé de paraître curatif (1).

(1) Souvent l'électricité, par étincelles ou par commotion, occasionnait des *métastases.* Ce qu'on appelle bain électrique était préférable. Preuve de plus
que la nature agit sans secousses.

Les machines électriques servent aux démonstrations d'une multitude de phénomènes physiques.

Nous leur devons, c'est-à-dire aux expériences qu'on fait avec elles, de ne plus croire que les nuages orageux se composent, en partie, de matières crasses, sulfureuses et bitumineuses, qui, par leur nature, ne sont point évaporescibles; vérité démontrée par l'appareil électrique qui imite les procédés de la foudre, et auquel on n'a pas besoin d'allier ni soufre ni bitume.

Mais, dira-t-on, la foudre laisse les lieux et les objets qu'elle a frappés imprégnés d'une odeur de soufre... Il convient mieux de dire que le soufre a l'odeur de la foudre ou du *fluide* qui la forme. Ce minéral doit son existence à une forte agglomération du *fluide* qui lui a donné la propriété d'être très-inflammable.

Frottez vos deux mains bien sèches l'une sur l'autre : elles donneront une odeur de soufre : c'est l'odeur du *fluide* vivement appelé par le frottement. Vous ne douterez pas de la présence de celui-ci, si vous faites cette expérience dans l'obscurité : des étincelles vous en donneront la certitude.

Nous devons encore aux expériences faites avec un appareil électrique la démonstration de la foudre ascendante.

Il arrive quelquefois qu'un édifice que la foudre n'a pas frappé à l'extérieur, en présente dans l'intérieur les ravages.

Les deux parties, la supérieure et l'inférieure de l'appareil, sont chacune chargées d'une quantité inégale de *fluide*. Le démonstrateur détermine une détonation par l'application d'un conducteur mousse. Si la partie inférieure est chargée en *plus*, le *fluide* montera verticalement vers la supérieure chargée en *moins*. La petite maison figurée entre les deux parties de l'appareil, sera foudroyée.

Faites l'application de ce petit phénomène : supposez qu'il a lieu, en grand, entre un nuage et la terre, et vous saurez pourquoi un édifice est foudroyé par une détonation ascendante. Mais observez que ce phénomène a lieu sur un point du sol où vient d'arriver l'orage, et sur lequel se préparait, par son approche, la soustraction du *fluide* contenu au réservoir commun, la terre. Ce phénomène ne se présentera pas là où le *fluide* est en *plus* dans les nuages orageux. Dans cette disposition du *fluide*, la scintillation s'observera toujours dans le nuage, et jamais sur le sol.

Dans la contrée où l'orage s'est formé, et où il est resté stationnaire avant que le vent l'ait soumis à une direction, la soustraction du *fluide* est faite. Mais elle ne l'est pas à 10, 15, 20 lieues de là, où l'*équilibre* n'a point été rompu : et lorsque l'orage y arrive, et qu'il n'y verse pas d'eau, chaque violent éclair en provoque un du sol. Ces scintillations inférieures sont moins fréquentes, et cessent à mesure qu'il pleut. L'*équilibre* se rétablit promptement par la chute de l'eau dont chaque goutte restitue le *fluide* à la terre. Ces observations ont été faites sur des lieux différens, mais particulièrement dans les plaines des départemens du midi, où des orages formés au delà des Pyrénées passent entre les montagnes ou les franchissent, et y manifestent les phénomènes dont nous parlons.

CHAPITRE II.

Du Galvanisme.

Un grand nombre de découvertes est dû au hasard. Celle du *galvanisme* fut faite sous les yeux de madame *Galvani*, pour laquelle on coupait des grenouilles dont les bouillons lui étaient prescrits. Cette dame étonnée du mouvement des cuisses de l'un de ces animaux, appela son mari, qui, en réitérant le contact d'une cuillère de métal sur les nerfs coupés d'une grenouille, observa un phénomène inconnu. Le savant professeur de Padoue, exercé dans l'art de faire des expériences, vit dans celle-ci un nouveau moyen de développer quelques merveilles de la nature. L'Italie, bientôt confidente des travaux de *Galvani*, ne put qu'applaudir aux efforts multipliés pour utiliser la découverte. On s'honora de pouvoir essayer son application au traitement des maladies. La France, accoutumée à voir se grossir le nombre de ses conquêtes au delà des Alpes, ne tarda pas à acquérir une nouvelle preuve que les arts ne marchent rapidement à des succès que sous l'influence du génie qui calcule leurs ressources, leurs produits et leurs avantages. A peine sorti de son berceau , le *galvanisme* parut, à Paris, sous ces dehors heureux de l'enfance, qui font présager la force qui caractérisera un jour la virilité. L'empressement autour de lui fut un hommage rendu à l'humanité. Les savans , voués aux travaux qui ont pour objet de remédier à nos maux, entendirent la voix du Souverain qui les encourageait à constater, par des expériences nouvelles et suivies, les phénomènes du *galvanisme*. Une société se forma pour s'en occuper. Encouragés par l'amour des arts , animés par une ardeur particulière à des français qui aiment à donner le poli au diamant qu'on leur a transmis brut, les membres de la *Société galvanique* virent, dans le prix considérable proposé par le Gouvernement, bien moins une valeur digne de sa munificence, que l'importance qu'il sait mettre au développement de ces découvertes heureuses qui honorent un siècle, et dont les Nations confondent le souvenir avec leur reconnaissance.

Lorsqu'en l'an X , le Gouvernement plaça

au terme de la carrière cette palme digne de
tous les regards, nous osâmes la fixer aussi.
Mais, à cette époque, hors des rangs des physiologistes qui pouvaient prétendre à cette
conquète, nous crûmes devoir nous borner
à les mettre en garde contre l'incertitude des
moyens de se l'assurer. Après les leur avoir
présentés (1), nous ajoutions que le motif de
ces indications utiles était « d'encourager au
» travail ceux que le Gouvernement venait
» d'inviter à multiplier leurs recherches sur
» le *galvanisme*, parce qu'elles pouvaient re-
» culer les bornes de l'art de guérir... Nos
» expériences, ajoutions-nous, conduisent à
» reconnaître des principes qui peuvent gui-
» der dans une carrière, où, en s'égarant, on
» perd un tems précieux à la science. Elles

_____

(1) Ces moyens de régulariser les expériences des
galvanistes sont quelques-uns de ceux qui, sous
le titre de *Notions préliminaires*, ont pris leur
place à la tête de cet ouvrage. Voyez le n°. 1034
(2 et 3 complémentaire an X) du journal alors
connu sous le titre du *Citoyen français*, et aujourd'hui du *Courrier français*, dont le proprié-
taire, ami des sciences, voulut bien donner, dans
sa feuille, une place à cette invitation.

» nous serviraient s'il nous était possible de
» concourir avec ceux qui désirent arriver au
» but que le Gouvernement désigne : leur uti-
» lité est prouvée, etc. etc..... Nous invi-
» tons les physiciens à ne pas croire que le
» *galvanisme* soit autre chose qu'une modi-
» fication du *fluide universel* transmis à toutes
» les papilles du nerf mises à découvert par
» la section, et qui, dans leur état encore
» voisin de la vie, en renouvelleront le symp-
» tôme jusqu'à siccité du nerf. »

Nous renouvelons, aujourd'hui, après les
quatre années que la *Société galvanique* vient
de consacrer à ses travaux, les mêmes invi-
tations aux savans distingués qui la composent.
C'est à la France qu'il appartient de vaincre
toutes les difficultés ; c'est à ceux qu'encourage l'autorité suprême à aggrandir le domaine des sciences, et particulièrement de
celles dont les peuples pourront tirer de plus
grands avantages.

Prouver par des exemples l'utilité du Galvanisme *dans le traitement des maladies ;* voilà
ce que demande le Gouvernement. L'admission ou la supposition d'autant de *fluides* qu'il
y a de *modifications* du *fluide universel* re-

tardera la réponse satisfaisante qu'il attend. Ce sont ces *modifications* sur lesquelles il faut enfin s'entendre. La lumière incertaine de tant de feux partiels allumés dans le dédale où l'on marche, ne tiendra jamais lieu du phare éclatant qui seul peut éclairer nos pas : elle est à lui ce que les feux follets et vaporeux du marécage sont au brillant astre du jour.

Réunis sur le point essentiel, les physiologistes coordonneront leurs expériences à la marche simple de la nature, qui sous l'apparence d'une variété, et d'une division infinie dans ses moyens, est essentiellement riche d'une majestueuse *UNITÉ. Un feu, une chaleur,* et autant de *modifications* que de substances dans les règnes., et de combinaisons de chacune d'elles ou dans le grand laboratoire du monde, ou dans le laboratoire du chimiste; l'air chargé de ce *principe de vie* et de conservation ; voilà les objets de l'étude de tous ceux qui trouvent de nouveaux encouragemens dans la récompense promise par le Gouvernement (1).

(1) « Nous ne sommes pas éloignés de croire, » dit le professeur *Andria*, que la matière de » l'univers a été *une* dans son principe, et que c'est

Nous oserons prévoir que des travaux bien dirigés, des expériences bien faites sur le *fluide universel* et ses modifications, prouveront que l'enthousiasme pour le *galvanisme*, et l'accueil qu'on lui a fait, ne perdront rien de leur chaleur, si, en marchant dans la route frayée par *Galvani*, on va beaucoup plus loin que le terme prévu. L'autorité sera donc agréablement surprise de voir que ses intentions et les promesses faites aux *galvanistes*, leur ont donné un élan qui les porte beaucoup au delà du problême à résoudre. La France pourra offrir à l'Italie le témoignage d'estime dû à la mémoire du professeur de Padoue, et se glorifier elle-même d'avoir associé cette découverte à la gloire de celle déjà, mais trop peu connue, par des applications utiles. C'est un travail toujours offert à la *Société galvanique*.

» de ses modifications particulières que sont sortis, » selon les éternels desseins du suprême Auteur, » toutes les variations qui la divisent et la distinguent » maintenant ». (*Observations générales sur la théorie de la vie*, traduites de l'italien par le docteur Pitaro, membre de la *Société galvanique* de Paris, page 34.) De pareils aveux doivent rendre dignes de connaître et de proclamer des vérités que l'expérience aura établies.

Sous les regards d'un Monarque qui anime les efforts d'une réunion formée à une époque où l'essor donné à la vaccine faisait présager les grands succès qu'elle obtient, cette Société doit au monde savant de nouvelles preuves de dévoûment et de courage. Il est sans doute permis d'espérer que le Gouvernement, qui a fait accueillir le *galvanisme*, encouragera à multiplier des expériences qui peuvent servir les desseins qu'il a en faveur de l'humanité.

Lorsque le problème de *Galvani* fut donné à résoudre, on était persuadé qu'il existait autant de *fluides* qu'il y avait déjà de *modifications* connues du *fluide universel*: le *galvanisme* eut les honneurs, en physique, de grossir le nombre de ces *fluides*. Remis enfin à sa place, et dans la classe des *modifications*, la proposition faite aux physiologistes, qui veulent enrichir l'art par l'expérience, peut être réduite à ces termes : VÉRIFIER DE NOUVEAU QUE LE *GALVANISME* N'EST QU'UNE *MODIFICATION* DU FLUIDE UNIVERSEL; ET QUE L'APPLICATION DE CELUI-CI PAR DES SUBSTANCES ANIMALES, COMME MILIEUX ANALOGUES, EST UTILE DANS LE TRAITEMENT DES MALADIES. La certitude des faits, confirmée par de nou-

velles épreuves, doit accélérer le succès d'un
concours honorable dans son objet, puisque
l'humanité doit profiter des avantages d'une
découverte dont la science est appelée à étendre le bienfait.

Galvaniser n'est autre chose que modifier
le *fluide universel* au moyen d'un appareil
composé de substances prises dans le règne
minéral et dans le règne animal.

Une pile composée de pièces de cuivre, de
zinc, d'étain, et entremêlées de morceaux de
drap de laine mouillés, forme ce très-simple
appareil.

Un conducteur, qui est ordinairement une
chaîne de métal, transmet à la partie malade
le *fluide*.

Mais galvaniser n'est encore que *modifier*
le *fluide universel* par des milieux *inanalogues* aux substances animales.

Le plus apparent des phénomènes du galvanisme est celui-ci.

Les nerfs d'un animal, étant coupés et soumis à l'action de l'appareil galvanique, reçoivent le *fluide modifié*. Ils reprennent leur
mouvement : une moitié inférieure de grenouille, par exemple, placée sur le bord d'un

vase, saute dans un autre. Cet effet résulte du
mouvement convulsif qu'aura toujours le
fluide, lorsqu'il sera transmis par des milieux
inanalogues à des organes destinés au mouvement, non encore oblitérés, et non privés
de l'humidité conductrice du *fluide*.

Un nerf desséché ne donne aucun signe de
mouvement, quoique soumis à l'action de
l'appareil galvanique.

De là on a tiré l'induction que le galvanisme pouvait être appliqué aux corps vivans.
On l'a cru utile aux malades.

Le nerf mis à nud par une section récente,
est, par son état d'humidité, capable encore
de recevoir le *fluide*. Jugeons de l'activité de
celui-ci par le mouvement qu'il occasionne,
et qui *a un des symptômes de la vie*.

Mais ce n'est pas là le mécanisme de
transmission du *fluide* que la nature avoue,
lorsqu'on l'applique aux substances animales.

Les corps vivans nagent, pour ainsi dire,
dans un océan du *fluide universel*. L'air en
est le véhicule. Ces corps sont organisés pour
le recevoir. Des milliers de pores aspirans en
couvrent la surface. Ils sont autant de pompes
foulées par la masse de l'air chargé du *fluide*.

Chaque pore en transmet une quantité à la
peau, au tissu cellulaire, aux attaches des
muscles, aux muscles, aux nerfs. La respiration, dans son double mouvement, multiplie l'absorption de ce *fluide* au profit de toutes
les liqueurs, et pour l'*équilibre* nécessaire au
système vasculaire. Combien n'existe-t-il donc
pas de filières par lesquelles se tamise et se
modifie ce principe de vie ! Comparez ce mécanisme à celui du galvanisme, de l'électricité
même, et voyez si les secousses convulsives
valent le bienfait de la transmission d'un *fluide*,
que les organes, qui l'aspirent, assimilent et
modifient.

Reconnaissons dans l'électricité et le galvanisme un double hommage rendu à l'existence du *fluide universel*. Mais soyons jus-
tement étonnés qu'on l'ait *modifié* par des
substances du règne minéral bien long-tems
avant qu'on ait pensé, au moins en Europe,
à le *modifier* par des substances animales, et
d'animal à animal.

CHAPITRE III.

Du *fluide animalisé.*

On peut croire que l'action de *masser* tire ses avantages de la *modification* du *fluide* par un milieu *analogue.*

Dans cette opération, on presse mollement les muscles, les articulations.

Cette pratique est usitée dans l'Inde.

Des femmes ou des enfans sont communément chargés du soin de masser.

Il est probable que dans l'Asie, le bienfait de cette méthode a fait, depuis long-tems, des progrès qui nous sont inconnus.

Quelques détails à cet égard ne peuvent être déplacés.

L'arrivée à Paris de l'Evêque d'Adran, instituteur du fils d'un Roi de la Cochinchine, et qui amenait cet enfant à la Cour de France, nous parut favorable pour obtenir des renseignemens sur quelques pratiques indiennes.

Ce Prélat, né français, envoyé par la maison des Missions Etrangères en Asie, avait, par ses talens et ses vertus, gagné la confiance du souverain,

souverain, dans les états duquel il prêchait l'Evangile.

Dans ses courses apostoliques, il avait pu observer les mœurs et les usages de ces climats.

Il nous assura que le *masser* y était perfectionné de tems immémorial ; et qu'il avait la certitude que les indiens guérissaient des maladies par l'action répétée et prolongée de *masser ;* mais que, quelqu'étonnant que lui parut ce phénomène, il n'avait pu l'observer avec soin, à cause des persécutions qu'il avait éprouvées avant que le Roi l'eut attaché à son fils; enfin, qu'il n'avait que de vagues renseignemens à nous donner sur ce point important de relations et de rapports physiologiques; et qu'il s'engageait à ne pas négliger d'en prendre de positifs, qu'il se ferait un devoir de faire passer en Europe. La mort de ce vertueux et savant Evêque a détruit tout espoir d'obtenir des observations qu'il aurait faites, sans doute, avec soin.

Quoi qu'il en soit de l'opinion que l'on prendra du plus ou du moins de perfection de la pratique de *masser,* il est vraisemblable que ses résultats sont dus à la *modification* du *fluide universel animalisé.*

5

Nous proposons à tout observateur de vérifier, par les expériences que nous indiquerons, l'aptitude d'un homme sain et bien portant à transmettre le *fluide* à un malade.

Dans cet examen, on ne doit pas perdre de vue les *notions préliminaires* placées en tête de cet ouvrage.

Le mécanisme du *fluide* dans les airs en tems d'orage, nous guidera pour suivre et étudier celui du *fluide* qui s'animalise d'un corps à un autre corps.

On tirera l'induction qu'un individu, en raison de sa constitution native et organique, se charge en *plus* du *fluide*; qu'il peut le transmettre *modifié* à un autre individu chargé en *moins*; que l'individu sain et jouissant de toute l'énergie de la santé, le *modifiera* au profit du malade.

CHAPITRE IV.

De quelques tentatives faites pour *modifier* le *fluide*, et le transmettre.

Vingt ans se sont passés depuis qu'un médecin de Vienne en Autriche rendit fameuse l'époque à laquelle il apporta ce qu'il donnait pour une découverte, sous la dénomination de *magnétisme animal.*

Cette découverte n'avait pas fait fortune à Vienne. M. *Mesmer* pensa qu'elle la ferait à Paris, où la science, la curiosité, et la mode ne restent point indifférentes sur les nouveautés.

Ce médecin proposait au Gouvernement son secret, pour en faire l'application aux malades.

Il donna à sa proposition une couleur peu favorable ; il l'accompagna d'un défi.

« Que l'on partage, disait-il, un nombre
» de malades affectés des mêmes maux. J'en
» traiterai une partie ; les médecins français
» qui seront désignés, traiteront l'autre : l'ex-

» périence démontrera quels auront été les
» meilleurs moyens de guérir. »

Le docteur connaissait peu Paris, et les
hommes.

Cette ville est toujours riche en talens; et
celui d'observation dans toutes les parties de
la physique, rendait célèbres alors beaucoup
de membres de la Faculté de Médecine, de
la Société Royale, et de l'Académie des Sciences. Nous ne sommes pas moins riches aujourd'hui.

Pourquoi ne leur disait-il pas :

« Je viens du fond de l'Allemagne unir mes
» travaux aux vôtres. Vous soumettre mes
» observations est le premier de mes vœux;
« le second de partager la gloire du succès
» avec vous qui l'aurez assurée. »

Mais le gant du défi fut relevé aussitôt que
jeté.

Mesmer n'est plus en présence de savans
observateurs de ses procédés curatifs; il est,
en champ clos, en face de combattans.

Cependant le docteur étranger ne peut se
dispenser de faire quelques expériences en présence d'une commission nommée par l'autorité
royale.

La France est dans l'attente. Le rapport de la Commission paraît, sous les auspices des noms les plus célèbres, et celui de *Franklin* donne aux premiers un nouvel éclat.

Un des commissaires, dont la réputation et le talent en valent bien d'autres, fit imprimer et publier son rapport particulier, motivé sur des observations bien faites. Il n'avait pas été de l'avis de ses collègues.

Les contemporains de cet âge, où les choses les plus sérieuses prenaient les livrées de la folie, s'amusèrent du rapport de la Commission : ils laissèrent à la postérité le soin de le juger. Le procès est encore pendant.

Mesmer ne s'attendait pas qu'à cette artillerie foudroyante se joindrait l'arme du ridicule, encore plus dangereuse lorsque des français la manient.

Joué sur les théâtres de la ville et sur les tréteaux du boulevard, *Mesmer* eut contre lui la bonne compagnie et le peuple. C'était ce que voulait la foule des ennemis de ce qu'il nommait sa découverte.

La récompense qu'il avait espérée du Gouvernement n'eut plus de motifs : le secret du docteur ne fut point acheté.

Afin de remplacer une spéculation par une autre, on donna une grande extension à l'établissement des baquets magnétiques.

Le phénomène des crises les fit multiplier. Des femmes s'y exposaient : des hommes allaient être les témoins de cet état spasmodique où le sexe a beaucoup moins de sa force et de sa vigilance ordinaires. Les abonnemens aux baquets formaient de bonnes recettes. Ainsi se dénaturait par l'avarice, la curiosité, et la légèreté, ce qu'il pouvait y avoir de bon dans ce que l'on présentait comme *magnétisme animal....* Tout s'use enfin lorsqu'il n'est pas essentiellement utile. Cette perfection n'étant pas démontrée dans le *mesmérisme*, on l'abandonna. Il n'en fut plus question dans les cercles.

Mesmer fit un second appel qui devait être plus profitable. Il publia qu'il donnerait son secret aux souscripteurs qui déposeraient cent louis.

Le docteur ouvrit un cours où l'on dictait des *aphorismes*. Les séances furent suivies par des personnes de tous les ordres : noblesse, clergé, militaires, médecins, chirurgiens, accoucheurs, chimistes, chaque classe apporta.

son tribut de curiosité, et manifesta le désir d'aggrandir le domaine de la science.

Quelques membres de la Faculté de Médecine se distinguèrent par leur attachement à *Mesmer* et à sa doctrine. La Faculté rendit un décret qui ordonnait que tout membre fauteur de la nouvelle hérésie, serait rayé du tableau, et qu'aucun médecin ne pourrait, sous la même peine, consulter avec lui. Cette peine fut appliquée au docteur *Warnier*, qui se pourvût au Parlement. La Cour, sur les conclusions de l'avocat-général, sanctionna le décret, et mit l'appel au néant.

Ceci se passait dans un tems où l'on blâmait l'Inquisition de ses rigueurs envers *Galilée*. L'histoire de l'émétique, celle de la circulation du sang, celle plus moderne de l'inoculation, étaient apparemment oubliées. O précieuse vaccine, plus heureuse après les vingt ans écoulés depuis cette époque, tu as attendu que les principaux vices des corporations fussent corrigés !

Quelques initiés aux mystères du médecin allemand abandonnèrent le charlatanisme des baquets, et c'est à cette époque qu'un nouveau jour commença à pénétrer dans les ténèbres.

Avant de parler des expériences que firent les écoliers à cent louis du docteur, examinons celles qui occupaient les spéculateurs qui avaient multiplié les baquets.

Un baquet était une espèce de cuvier de trois à quatre décimètres de profondeur, et d'un diamètre de deux ou trois mètres, contenant du sable, du verre cassé, de l'eau, et ayant un couvercle percé de trous pour le passage de verges de fer coudées à leur partie supérieure, pour pouvoir être appliquées par leurs pointes aux différens endroits du corps où les malades voulaient les fixer.

Les malades et les curieux se plaçaient sur des chaises autour de 'ce baquet. On les enlaçait tous par une corde de chanvre. On nommait ces dispositions la chaîne. Cette chaîne étant faite, on attendait que la circulation du *fluide* s'établit.

Voilà un appareil composé de minéraux et de végétaux. De la première espèce sont le sable, le fer et le verre; de la seconde, le bois et le chanvre : l'eau n'est ici que le véhicule et le réservoir du *fluide* à transmettre; ou bien considérons la comme conducteur aux autres substances de cet appareil.

L'effet de cette chaîne variait suivant les affections des malades : mais le résultat le plus constant de ces dispositions était de donner des spasmes aux femmes nerveuses. On désignait cet état sous le nom de crises. Celles-ci prenaient souvent un caractère de convulsions épileptiques. Alors on retirait de la chaîne les personnes en crise, et on les plaçait dans une pièce séparée. Là, les spasmes convulsifs parcouraient leurs périodes : et le physiologiste éclairé gémissait sur les phases diverses de ces crises, et sur leurs accidens : le moraliste s'en offensait.

Nous aurons l'occasion de voir, dans le cours de ces *Essais*, ce que c'est qu'une *crise* bien préparée par une transmission du *fluide;* comment elle doit être *perfectionnée* et *terminée.*

Il suffit d'observer ici une déviation dans la marche de la nature, qui demande la *modification* du *fluide* par des milieux *analogues.*

Il n'y a rien d'*analogue* aux corps des malades dans toutes les parties de cet appareil d'un baquet.

Le peu de succès de ces expériences les a fait abandonner.

Les spéculations de baquets ne valurent qu'un peu d'argent, et beaucoup de ridicule à ceux qui les firent.

L'attention de quelques observateurs fut réveillée par d'éclatans succès obtenus par plusieurs des initiés moyennant leurs cent louis. On compte parmi eux des hommes qui ne pouvaient pas prendre des prestiges et des *mystifications* pour des vérités. Leurs talens et leur caractère connus dans le monde éloignèrent de leurs personnes et de leurs expériences le ridicule dont la frivolité voulut les couvrir. Leurs ouvrages doivent être lus et médités par tout observateur dépouillé des préjugés et des préventions qui doivent s'évanouir devant le flambeau de l'expérience et de la raison. La collection de tout ce qui a été publié pour et contre sur ce sujet, doit être dans les bibliothèques des étudians. Ils verront d'un côté le persifflage ou des sophismes ; de l'autre le raisonnement et des preuves.

Voyez ce que firent imprimer MM. *de Puységur*, *Bergasse*, *Hervier*, *Grandchamp*, *Court - Gébelin*, *Bonnefoi*, et beaucoup d'autres.

C H A P I T R E V.

Des essais qui ont été faits pour *ani-maliser* le *fluide universel* au profit des malades.

M*esmer* n'avait point parlé publique-ment du *somnambulisme :* on prétendit qu'il ne le connaissait pas. Les documens qu'il avait pu donner dans les séances de ses cours, sur la manière de transmettre le *fluide* par le toucher, ou par l'intermédiaire des végétaux, des arbres par exemple, firent faire les pre-miers pas vers la découverte de ce phénomène. Des malades soumis à l'action du *fluide* que leur transmettait un arbre, devinrent *somnam-bules.* C'est la célèbre époque de l'hommage rendu au *fluide universel,* et de la preuve acquise que la nature avoue les deux modifica-tions, l'animale et la végétale. Ce phénomène du *somnambulisme* eut lieu particulièrement par le toucher d'une personne saine sur une per-sonne malade ; et il eut constamment un ca-ractère d'intensité supérieure à celle que don-nerait un intermédiaire végétal.

Les élèves ayant reçu en échange de leurs cent louis les enseignemens de leur maître, se disséminèrent sur tous les points d'où ils étaient partis. Les principales villes de France eurent des *somnambules* (1).

Mais avant de déduire la théorie de ce *somnambulisme* de celle des grands mouvemens du *fluide* dans le globe et l'atmosphère, faisons quelques observations sur le *somnambulisme* connu antérieurement à celui-là , et dont plusieurs auteurs parlèrent, particulièrement l'Encyclopédie.

Nous présumons que nos lecteurs ont lu les ouvrages qui viennent d'être indiqués.

Des observations sur ce *somnambulisme* dans des personnes valétudinaires , ou d'une faible constitution , doivent être très-rares. Cette espèce de *somnambulisme* ne se mani-

---

(1) Nous ne ferons pas au bon sens et à la raison l'injure de discuter le ridicule système de quelques exagérés , qui trop éblouis des charmes de la vérité la masquèrent sous des bizarreries et des erreurs. L'étude de la nature est donc trop séduisante pour certains esprits ! Elle les rabaisse dans la région des chimères. Nous avons bien assez de merveilles dans le *somnambulisme*.

feste que chez des personnes à la fleur de
l'âge, chez lesquelles la *végétation animale*
a fait tous ses progrès. A ce moment brillant
de la vie, l'organisation perfectionnée a toute
l'*idonéité* nécessaire pour aspirer et modifier
pour soi une grande partie de ce *fluide*. Voilà
donc un corps chargé en *plus* du *fluide*. Il est
probable que cette disposition à être *somnam-*
bule cesserait ou s'affaiblirait si, par un contact quelconque, l'individu transmettait et
modifiait ce *fluide* au profit d'un autre qui
le serait en *moins*. On peut remarquer que ce
somnambulisme se manifeste chez les jeunes
gens célibataires, qui, dans cet état, offrent
à l'observation des phénomènes extraordinaires, mais qui sont moins possibles à mesure que l'âge et la déperdition de la force
vitale diminuent graduellement leur énergie.

L'existence de ce *somnambulisme* connu
aurait dû conduire à admettre la possibilité,
la probabilité du *somnambulisme*, que l'on
désignait sous le nom de magnétique, parce
que *Mesmer* nommait *magnétisme* l'agent
qu'il disait avoir découvert.

L'amour-propre, lorsqu'il est trop exalté,
et surtout lorsqu'il est choqué par des pré-

tentions d'un homme qui vient de loin vanter des connaissances nouvelles supérieures aux nôtres, et faire naître la crainte de perdre l'empire dans un art qui a coûté tant de peines et de veilles à ceux qui l'ont cultivé, l'amour-propre repousse tout sentiment de bienveillance en faveur de celui qui inspire moins de confiance que de crainte.

J'en sais plus que vous : je guérirai les maux qui faisaient périr, dans vos mains, les malades soumis à vos traitemens. C'est une arène qu'il faut ouvrir à celui qui tient ce langage, et non une école, où les maîtres et les élèves se confondraient pour entendre les développemens d'une doctrine nouvelle, qui, par cela même, a des droits à un examen attentif.

L'enthousiasme égara *Mesmer*; et il se perdit dans la route que ses ennemis couvrirent d'obstacles. Beaucoup de ses élèves commirent de grandes fautes dont on le rendit responsable.

Nous parlons de lui sans prévention. Jamais nous ne l'avons entretenu, ni fréquenté ses cours, ni entendu ses leçons; mais ses essais ont motivé les nôtres. Nous révérons son savoir, et son amour pour la science, qui dans les âmes honnêtes exalte presque toujours, en l'échauffant, le sentiment qui fait chérir les hommes.

C'est après vingt ans de méditations appuyées par des expériences faites avec attention, que nous nous déterminons à donner de la publicité à ces *Essais;* afin que la jeunesse ardente qui cherche à s'instruire, suive, à la lueur de de quelques vérités, le chemin qui la conduira à la découverte de beaucoup d'autres. L'homme, près d'arriver au terme de sa carrière, nous semble devoir laisser quelques traces sur le terrain qu'il a parcouru ; et établir, pour ainsi dire, des signaux indicateurs qui peuvent guider ceux qui veulent marcher dans le pays de la science. C'est une dette à acquitter, en sortant du labyrinthe, où l'aimable *Ariane*, qui présentera le fil, sera toujours la NATURE.

CHAPITRE VI.

De quelques *expériences* qui ont été faites pour *animaliser* le *fluide* dans l'état de *somnambulisme*.

Quels que soient les auteurs de la découverte du *somnambulisme*, qu'elle sorte du cabinet de *Mesmer*, ou de ceux de ses élèves, il paraît incontestable que cet état est occasionné par une forte accumulation du *fluide* sur la personne qui le reçoit.

Admission faite de l'*analogie* entre les corps, ceux-ci ont plus ou moins d'aptitude à transmettre le *fluide*.

L'individu qui a la surabondance de l'énergie *vitale*, le communiquera à quiconque n'a pas assez de celui que son organisation, sa faiblesse ou sa maladie lui permettent d'aspirer.

Déjà nos lecteurs peuvent conclure que le médecin allemand n'avait pas plus que les médecins de France, le privilège de modifier le *fluide*.

Ce privilège est une propriété des corps énergiques;

giques; comme l'aptitude à le recevoir est l'a-
panage moins brillant des corps faibles ou malades.

Ceux-ci forment, de quelque sexe qu'ils
soient, la première classe des sujets propres à
profiter de sa modification.

Les femmes composent la seconde. A dispositions égales, elles en sont plus susceptibles
que les hommes, et deviennent souvent des
somnambules plus éclairés qu'eux. A de certaines époques, la variation de leur santé aug-
mente encore cette susceptibilité.

Lorsque l'enthousiasme exalté par la vivacité
française avait échauffé toutes les têtes, on entendait de toutes parts des personnes qui de-
mandaient qu'on essayât de les rendre *somnambules.*

Peu éclairés dans une pratique très-difficile,
à cause de la patience, du courage et de l'extrême prudence qu'elle exige, des magnétiseurs
touchaient des curieux ou des curieuses.

Les uns, faute d'analogie, ou faute de besoin
d'une quantité de *fluide* à ajouter à celui qu'ils
modifiaient eux-mêmes, n'éprouvaient rien :
les autres s'engourdissaient avec des pesanteurs
de tête, des baillemens et l'envie de dormir :

4

d'autres, et surtout les femmes qui avaient ou
les nerfs irritables, ou des dispositions à être
malades, éprouvaient de plus que ceux-là, des
spasmes, des crises, et, comme nous l'avons
déjà dit, des convulsions.

Dans la plupart de ces tentatives, *le magné-
tiseur* ne se doutant pas qu'il était à lui tout
seul un appareil suffisant, s'il était toutefois
analogue et bien sain, se servait, pour toucher,
d'intermédiaires, tels que des baguettes de fer,
des bâtons de soufre, etc. Les mieux instruits
prenaient des arbres pour intermédiaires, et ils
obtenaient la preuve que *l'analogie* entre les
végétaux et les animaux est plus réelle que
celle entre ceux-ci et les minéraux. Aussi les
expériences faites par les arbres bien végétans
furent-elles brillantes : nous en devons plusieurs à M. *De Puységur*, qui les fit à sa terre
de Buzancy. Cet habile observateur eut des
somnambules étonnans. Le premier fut son ma-
réchal, attaqué d'épilepsie. Au nombre d'autres
malades on remarqua, au même lieu, un jeune
homme, sourd par accident. (Voyez les ouvrages que nous avons indiqués.)

Quant aux procédés des magnétiseurs à baguettes de fer et à bâtons de soufre, on peut

dire que le vrai *somnambulisme* acheva de les discréditer.

L'attention des observateurs ne se porta plus que sur des expériences que firent, dans les principales villes de France, des praticiens instruits qui rendirent compte au public de leurs travaux.

On vit se multiplier les rapports, les procès-verbaux de différentes cures de maladies dont le traitement avait été tenté sans succès par les méthodes ordinaires.

La société se partagea pour et contre, mais très-inégalement. Un très-petit nombre, composé de témoins des nouveaux phénomènes, crut parce qu'il avait vu, mais sans concevoir la cause : le plus grand nombre resta incrédule parce qu'il ne voulut pas voir, ni écouter ceux qui avaient vu. Ces derniers, tout-à-fait étrangers aux moindres connaissances physiologiques, prenaient le parti de nier tout ; et *cela est impossible* était la réplique banale faite à toute démonstration, à tout raisonnement. Il y eut des dissensions dans des familles ; du raisonnement on y passait aux querelles.

Il faut convenir cependant que, pour juger bien dans une discussion d'un aussi grand in-

térêt, il ne fallait pas moins que le sang-froid
et l'impassibilité qui doivent être le partage
des hommes qui se vouent à l'étude de la nature,
et à l'examen de ses opérations.

C'était donc particulièrement aux médecins,
et peut-être *exclusivement à tous autres ,*
qu'il convenait de s'emparer de cette nouveauté.

L'homme du monde qui magnétisait, n'avait
pas , comme les médecins, cette multiplicité
de connaissances qu'il faut absolument avoir
acquises, avant que de pénétrer dans la chambre
d'un malade, et de formuler une prescription
pharmaceutique et médicale.

L'ignorance en physiologie, les imprudences
qui la suivent , les imprévoyances , peuvent
rendre au moins imparfaites des expériences
par lesquelles on veut animaliser le *fluide,* et le
modifier. (Nous ne nous servirons plus du mot
magnétiser : cette expression confondrait ici
deux règnes; éloignons toute idée du *minéral.*)
Le mot *toucher* suffira pour nous faire entendre.

Supposons que l'on *touche* une femme sans
s'être assuré de l'état où elle se trouve, et
qu'on la *touche* inconsidérément sans connaître

le point de la surface du corps où cette première opération doit se faire ; si, comme l'a dit poétiquement un moderne, Phœbé n'a pas été consultée, un mouvement vague et inconsidéré des mains conductrices du *fluide* donnera ce *fluide*, il est vrai ; mais le donnera dans une direction opposée au courant naturel qu'il a dans les corps.

Alors il y a trouble dans l'économie animale : de là des irritations, des contrariétés dans le mécanisme, des convulsions qui effraient si on ne sait pas perfectionner ces crises, et les terminer.

Mais, dira-t-on, il y a donc du danger dans cette pratique ; il faut la proscrire. Oui, il y a du danger, sans doute, si l'ignorant s'en empare : mais ce n'est pas un motif de proscription ; c'en est un de précautions infinies. Ne saignera-t-on plus parce que la lancette, dans la main incertaine de l'opérateur, peut piquer le tendon, ou l'artère ? Renoncera-t-on à un de nos vomitifs les plus connus, l'émétique, remède héroïque dans beaucoup de cas, parce que le peseur inconsidéré en aura donné à une trop forte dose ? Non, sans doute. En médecine il faut bien faire tout, mais avec infiniment de soins, ce qui est difficile.

Puisqu'ici le danger n'est que dans l'ignorance des moyens, que le praticien s'instruise, et qu'il se garantisse des imprudences qui seraient de son fait, ou de celui des personnes et des objets qu'il doit éloigner du malade.

CHAPITRE VII.

De plusieurs *expériences* à renouveler, et qui, lorsqu'elles ont été faites, ont établi la preuve que le *somnambulisme* est un des phénomènes de la *modification animale* du *fluide universel.*

En présupposant que celui qui veut exercer cet art trop peu connu, ait acquis toutes les connaissances physiologiques indispensables, il faut qu'il joigne à la prudence, et à un bon esprit d'observation, une constitution forte, une bonne santé, un attachement invariable à un régime alimentaire qui conserve les forces; qu'il s'abstienne de tout exercice qui pourrait les altérer; et qu'il évite de se livrer à des passions qui troublent l'économie physique et morale. Il doit se promener souvent, et à pied, à l'air libre; se baigner peu, si ce n'est à une température peu élevée; faire peu d'usage de vins durs; être enfin très-modéré dans l'usage des liqueurs et du café.

Il doit savoir que le *fluide* est aspiré par tous les pores de la peau ; qu'à travers l'humidité conductrice du tissu cellulaire ce *fluide* se transmet, toujours en se *modifiant*, au *plexus solaire*, où le système nerveux a son origine ; que cette marche est celle que suit aussi le *fluide modifié* et communiqué, s'il *touche* une personne analogue et chargée en *moins* ; que les nerfs le distribuent, en le *modifiant* toujours ; mais que, dans le cas où l'un des viscères, la poitrine, par exemple, serait le siége d'une affection morbifique, le *fluide* paraît passer plus rapidement de sa main à la partie malade.

L'expérience a démontré que le cours du *fluide universel* est établi du nord au sud. De là probablement, et par comparaison avec les effets de l'aimant, la dénomination de magnétique.

Il convient donc que la personne qui *touche* soit au nord de la personne *touchée*, au moins la première fois. Lorsque le somnambulisme est établi, nous n'avons jamais vu que cette disposition fût nécessaire.

Il n'est besoin, dans aucun cas, de *toucher* à nud.

Il ne doit point y avoir d'étoffe de soie entre la main qui *touche* et la partie *touchée*. La soie isole le fluide, et ne le transmet pas.

Les deux personnes, celle qui *touche* et le malade, peuvent être assises, ou celui-ci couché sur une chaise longue ou un lit, et la première debout ou assise près d'elle.

Celle soumise à ce traitement ne doit point être gênée dans ses vêtemens, afin qu'elle puisse être très-libre dans tous ses mouvemens lors-qu'elle aura des *crises*.

Si le sujet est *analogue* à l'opérant, et chargé du *fluide* en *moins*, il en recevra de lui. Dans ce cas, l'effet est borné à une chaleur douce, sensible à l'endroit *touché*, quelquefois dans tout un membre, ou dans une partie du corps. Si le sujet est malade, les symptômes de sen-sibilité seront plus marqués : ils se multiplieront, se manifesteront par des baillemens, l'exten-sion des bras, la transpiration, la pesanteur des yeux, et une envie de dormir qui cepen-dant ne se termine pas par le *sommeil*. Celui-ci n'est pas toujours nécessaire à la cure d'une indisposition, ou d'un léger engorgement dans le système vasculaire. En répétant, plusieurs jours, ces procédés, on parvient à dissiper un

malaise qui aurait amené de la douleur, et une
maladie.

S'il existe dans le sujet une maladie, et s'il
est dans la classe des personnes qui ne deviennent pas *somnambules* (toutes, même étant
malades, ne le deviennent point), il ne faut
pas moins continuer régulièrement à le *toucher*.
L'assiduité dans ce procédé prépare un soulagement, et ensuite des évacuations salutaires.

M. Gérard, ancien directeur des hôpitaux de
l'Ouest, fatigué de consulter pour des douleurs
dans les jambes, se décida à s'adresser à *Mesmer*, qui le *toucha*, et lui annonça qu'il aurait
incessamment des évacuations. Ce malade les
eut : il a joui depuis d'une santé parfaite. Il
est à Paris à présent : c'est ce qui nous engage
à le citer.

Lorsque le sujet est devenu *somnambule*,
l'opérant n'est plus dans les incertitudes des
règles du traitement. SON GUIDE EST LA PER-
SONNE MALADE.

Jeunes étudians, je m'arrête ici ; et je sus-
pens l'exposé des phénomènes du *somnambulisme*, pour vous prévenir que, même en les
voyant, la raison se refuse à les croire ; que c'est
leur multiplicité et leur invariable retour, qui

décident à les considérer comme des preuves d'un nouvel ordre de choses , de la richessse et de la simplicité des moyens que la nature a mis autour de nous , très-près de nous, dans nous. Vous cesserez de vous écrier : *cela ne se peut pas* , lorsque vous aurez bien vu , bien examiné, et fait avec soin , et *prudence extrême*, des expériences que nous avons faites , et d'après lesquelles nous esquissons ces *Essais* pour vous particulièrement. Loin de nous l'idée et l'intention de vous induire en erreur , et de vous détourner inutilement dans la carrière où l'amour de la vérité presse vos pas , échauffe vos cœurs, et prépare des fruits qui mûriront au profit de la génération qui s'élève , soustraite aussi comme vous aux erreurs, aux préjugés, sous les auspices d'une patrie qu'un Héros éclairé veut enrichir de tous les arts. Commencez par douter : cela est naturel et juste. Nous avons douté aussi. Mais que le doute vous conduise à l'examen : le sanctuaire de la science s'ouvre à ceux qui en assiègent les portiques. Quel français peut être arrêté par des difficultés ? Peut-on connaître des obstacles invincibles dans un siècle comme celui dont l'aurore efface l'éclat des tems passés les plus brillans ?

Vos frères, vos amis, vos parens sont chargés d'honneur et de lauriers : arrachez avec courage les palmes de la science. Conserver l'espèce humaine a sa gloire, comme assurer ou affermir l'indépendance des nations par des victoires, a la sienne.

Attendez-vous à vous entendre dire : *laissez ce fatras de nouveautés proscrites sous toutes les phases où elles ont été présentées. C'est une affaire jugée : l'autorité suprême a homologué l'arrêt.*

Il est plus juste de dire que c'est une affaire mal présentée, mal discutée, et mal jugée... Mais nous ne parlons pas de cette affaire-là telle qu'elle était alors : nous vous entretenons de celle du *somnambulisme*, dont aucune expérience n'avait été faite à l'époque du rapport de la commission des juges. Les personnes instruites par la pratique du *somnambulisme*, n'ont point proposé au gouvernement de lui vendre un secret, n'ont point demandé de commission pour faire un rapport, et juger ; mais voyant que ces tems de futilités n'étaient pas favorables à une découverte utile, le jugement de cette affaire a été remis par elles à la postérité. Vingt siècles viennent de se passer en moins de deux lustres . . . . . . : vous êtes cette postérité.

Vain espoir que celui de changer des opinions formées, pour lesquelles combattirent ceux qui les ont adoptées ! Nous ne l'avons pas ; mais nous avons la certitude que mille obstacles s'opposent à l'admission d'opinions nouvelles, sur une doctrine qui simplifie beaucoup de moyens curatifs ; qui place la certitude où divague la conjecture. Ces obstacles n'existent pas pour vous : tout, en découvertes, est de votre domaine ; celui-là ne peut s'agrandir, auquel les préjugés et les préventions placèrent des bornes. Votre âge n'est pas celui des préjugés qui naissent de l'ignorance, ou qui sont nourris par la routine.

Plusieurs jours peuvent se passer sans que la personne malade devienne *somnambule.* L'aptitude à le devenir est plus ou moins forte. Des maladies graves qui affectent les principaux organes, déterminent la manifestation plus prompte de ce phénomène. De ce nombre sont les maux du poumon, du foie, de la rate ; la chlorose rebelle ou pâles-couleurs, les dépôts internes, les squirres et les ulcères naissans de matrice, lorsque le mal n'a pas encore décomposé les tissus organiques, et rongé les ligamens.

Il y a dans le *somnambulisme*, deux probabilités : ou le malade parlera, ou il ne parlera pas.

Dans le premier cas, IL EST, A LUI SEUL, LE FLAMBEAU QUI ÉCLAIRE DANS LE COURS DU TRAITEMENT. Dans le second, son silence le remet dans la classe des personnes qui ne s'endorment pas, et qu'il faut faire toucher à des *somnambules* qui parlent de leurs propres maux, et qui, si l'analogie existe, parlent de ceux qui affectent les personnes qu'ils touchent. En observant que *l'analogie* est nécessaire, nous ajouterons que son indispensabilité doit s'entendre du moral comme du physique.

Cette diversité d'aptitude à devenir *somnambule* parlant ou ne parlant pas, paraît avoir pour causes l'organisation plus ou moins sensible et perfectionnée des différens sujets, et *l'analogie* plus ou moins complète de celui qui touche le malade, et *modifie* le *fluide*.

On a dû remarquer qu'un état dans lequel on parle, quoique toutes les apparences lui donnent les couleurs de l'engourdissement, ne devrait pas être appelé *sommeil*, surtout lorsque cet état est bien au-dessus du *somnambu-lisme* antérieurement connu, et long-tems avant celui dont nous parlons. Mais quelques ressemblances dans les deux phénomènes ont fait admettre les mêmes dénominations , à défaut d'autres, qu'aurait pu fournir la langue qui enrichit la nomenclature des arts.

Les *somnambules* perfectionnés sont ceux qui, lorsque le *sommeil* est passé, ne se souviennent point de ce qu'ils ont dit, ou prescrit ; et qui, dans tous les *sommeils* suivans du traitement , ont la mémoire présente sur tout ce qui les a occupés dans chacun des *sommeils*.

Ce sont ceux-là qu'il est utile de trouver. Ils sont, pour eux-mêmes, des guides sûrs ; et ils servent au traitement d'autres malades, mais qui seront *analogues*. Avec eux l'observateur qui les *touche*, fait un cours de cette science, bien simple pour un physiologiste qui a toutes les qualités dont nous avons parlé.

Plus nous avançons, plus nous allons nous convaincre que cette pratique appartient aux officiers de santé ; et qu'il convient à peu d'autres personnes d'opérer dans un art nouveau pour elles, et dont les élémens leur sont étran-

gers ; si, préliminairement, elles n'ont pas fait
une étude particulière qui les rende dignes de
se présenter, sinon dans le sanctuaire, au
moins sous les portiques du temple d'*Esculape*.
Cependant nous devons convenir que des amis
de l'humanité, doués d'un sens droit, pru-
dens, et très-patiens, ont eu des succès. Ils les
dûrent à l'exacte observation des précautions
dont nous allons parler.

La saison la plus favorable à ce traitement,
est celle où le soleil ranime toute la nature.
Cet astre détermine l'activité du mouvement
du *fluide*, à mesure qu'il s'élève sur l'horizon.
A sa plus grande élévation, au solstice, ou à
midi, on peut *modifier* mieux et plus abondamment le *fluide*.

Les mains ne sont pas les seuls instrumens
de sa transmission. Il s'échappe de toute la surface du corps, comme il est reçu par toute la
personne du malade.

L'opérant doit éloigner de lui toute idée étrangère à ce qu'il fait.

Il n'admettra auprès du malade que peu de
personnes, et seulement celles qui lui sont at-
tachées et dévouées : il les touchera lui-même,
afin de les mettre dans un état de rapport avec
le malade.

Ce rapport a une double utilité; celle de donner au malade l'assurance qu'il n'y a pas, dans les personnes présentes, des *inanalogies* physiques ou morales; et à l'opérant la certitude qu'en cas de crises un peu fortes, les assistans pourront, sans inconvéniens, toucher avec lui le malade. Celui-ci est d'abord contrarié par la présence des *inanalogues*, et ensuite violemment tourmenté par des crises, s'il en est touché. Alors se manifestent des accidens.

Il est bon d'avoir dans la maison, et à sa disposition, une personne qui n'ait pas été mise en rapport, par le toucher, ni avec l'opérant, ni avec le malade.

Par ce moyen, on observera deux phénomènes bien distincts. Le *somnambule* entendra les personnes mises en rapport, et il leur répondra. Il n'entendra jamais l'autre personne, ni le bruit qu'elle fera, par exemple, en frappant sur un corps sonore, ou sur d'autres substances qui n'auraient pas été mises en rapport avec lui.

Le *somnambule* n'entendra pas le vent, qui disperse le fluide, mais très-bien la pluie et la grêle, qui le ramènent : à plus forte raison le bruit des détonations de la foudre.

Dès que le *sommeil* sera établi, lé plus grand silence doit être observé. Cette prescription indique assez qu'il ne faut point admettre, comme témoins du traitement, des persiffleurs indifférens, dont la curiosité n'a pas pour motif le désir de s'instruire. Les *somnambules* les éloignent.

Le silence ne doit être rompu que par le *somnambule*. Il faut être très-attentif à tout ce qu'il dira, et l'écrire en forme de journal, *sommeil* par *sommeil*. On apprendra de lui-même que le laconisme, la précision et la clarté doivent caractériser les entretiens.

Dès le premier *sommeil*, il indiquera la manière de le réveiller, soit en lui posant une main sur le front, soit en mettant une des siennes dans un vase où il y aura de l'eau, etc. Il fixera l'heure de ce réveil.

Presque toujours les premiers *sommeils* ne sont que préparatoires, et n'offrent rien de très-remarquable. Mais les suivans présentent un grand intérêt.

La première attention du malade se porte sur la cause de sa maladie, son époque, et les accidens qui ont pu l'occasionner.

On est étonné de son assurance; et lorsqu'on

lui dit : *comment savez-vous cela ?* on l'entend faire cette réponse : *je le vois , mais je verrai davantage par la suite.*

En effet, chaque *sommeil* amène plus de lumière. Le premier usage que fait le *somnambule* de ses connaissances acquises, est de rendre un hommage franc, sincère et non mendié à la méthode de cette *modification du fluide.* Il se la prescrit.

Bientôt il ne s'occupe plus que de soi; et si sa maladie peut être guérie par le seul mécanisme du *fluide*, pendant les *sommeils ,* il le dit. Il prévoit quel en sera le nombre.

S'il faut ajouter à ce moyen quelques médicamens, il les prescrit, et les choisit dans les végétaux indigènes.

On dirait que cette partie de la matière médicale lui est familière. Doser, faire des mélanges, et en annoncer l'effet à une époque fixée, paraissent un jeu, lorsqu'il a bien médité sur la nécessité et l'efficacité de ces moyens.

Il y a là de quoi s'étonner, sans doute : mais l'étonnement est extrême, lorsqu'entre un *sommeil* et l'autre, il ne se souvient de rien, et ne connaît souvent pas le nom des plantes qu'il a prescrites.

Lorsque le cours du traitement est établi,
et que l'effet des médicamens unis au bienfait du *fluide* affermissent les espérances et la
confiance du *somnambule*, c'est le moment
de lui faire toucher des malades, et de les
mettre, par cette simple opération, en rapport
avec lui. Il dit s'ils peuvent devenir *somnambules*, sinon, en les *touchant* fréquemment,
il fait pour eux ce qu'il a fait pour soi, et
leur prescrit des moyens de soulagement ou
de guérison.

C'est aussi le moment où il parle volontiers, et de son propre mouvement, de ce qui
l'intéresse, et particulièrement du perfection-
nement de la pratique dans de pareils traitemens.

L'opérant a paru jusqu'ici faire bien peu,
en comparaison de ce qu'a fait le sujet. Celui-
ci conservera dans tous les *sommeils* cette
supériorité d'action et de prévoyance, si rien
ne vient contrarier le cours des opérations
que fait la nature. Le soin du premier est
d'éloigner du *somnambule* toutes les *inanalogies*, c'est-à-dire, tout ce qui pourrait amener des passions violentes, du chagrin, des
impatiences, même de simples contrariétés.

Ces contrariétés seraient dangereuses. En remettant le malade au point où on l'a pris, elles agraveraient ses maux. Des convulsions symptomatiques d'un désordre interne porteraient le trouble et l'effroi où régnait le calme avec l'espérance : et le plus grand danger auquel s'exposerait le malade serait qu'il ne voulût pas se soumettre de nouveau à un traitement dont les accidens l'auraient dégoûté.

Dans ces cas, très-rares lorsqu'on se conduit avec une extrême prudence, il faut recommencer. Cela est d'autant plus facile que, le malade étant un peu calmé et revenu de sa première frayeur, sa volonté n'est pas de nécessité indispensable : la *modification* du *fluide* en est indépendante.

En reprenant les *sommeils*, le malade approuvera la persévérance dans l'emploi des mêmes moyens. Il expliquera et développera les causes et les effets du trouble qu'il a éprouvé. Il fixera, de nouveau, le nombre de ses *sommeils*.

Supposons-le remonté au même point d'où il était descendu.

L'action continuée du *fluide* amène des *crises*. Elles sont ou intérieures, et alors sen-

sibles au malade seul ; ou extérieures, c'est-à-
dire manifestées aux spectateurs par des ex-
tensions des bras et des jambes ; ou enfin presque convulsives. Dans tous les cas, l'opérant
doit *toucher* avec plus d'attention, et se
dire, *age quod .agis*. On *touche* très-impar-
faitement, quand on pense à toute autre chose.
Les malades prévoient les *crises* qu'ils auront
dans chaque *sommeil*, leur nombre, leur durée, leur faiblesse et leur force. Prévenu avant
leur arrivée, l'opérant doit employer les
personnes présentes qu'il a mises en rapport
avec le *somnambule en les touchant*. Ces
personnes toucheront aussi le malade, et l'ai-
deront de plus à guider les mouvemens des bras
et des jambes, et à leur maintenir la liberté
de se mouvoir, en les garantissant des chocs
violens sur des corps durs. Lorsque le malade
prévoit ces fortes *crises*, il se fait mettre sur
une chaise longue ou sur un lit. Dans une position horizontale, les *crises* se perfectionnent
mieux, et se terminent de même. On sent bien,
sans doute, qu'elles sont l'effet nécessaire de
la lutte du *fluide* contre le mal, ou les engorgemens qui l'occasionnent. Elles sont, pour
ainsi dire, le premier des médicamens entre

ceux que se prescrit le malade. Chacune d'elles prépare la guérison , et l'accélère. Elles sont toutes communément très-fortes au moment de la coction de l'humeur morbifique, et de son évacuation.

L'opération première, et par cela même très-importante pendant tout le traitement, étant le *toucher*, il est à propos d'en bien suivre les procédés. Ils sont très-simples, ainsi que nous l'avons dit. Nous ajouterons que, dans le cours des *sommeils*, le *somnambule* les fixe. Il prescrit de le *toucher* sur l'endroit du corps le plus près du siège de la douleur, où le *fluide* reçu s'arrête et établit sa lutte, pour décomposer, diviser, dissoudre, neutraliser enfin et fluidifier les engorgemens , les empâtemens , les obstructions. Au surplus, à cet égard, comme dans tout ce que fera l'opérant, il sera constamment bien guidé par le *somnambule*.

Aux phénomènes très-étonnans que nous venons d'indiquer s'en joignent d'autres qui ne le sont pas moins.

Ou le malade sera *somnambule* ayant les yeux ouverts , ou il le sera ayant les yeux fermés : mais qu'il le soit de l'une ou de l'autre manière, cet organe de la vue sera impassible.

Par où voyez-vous donc, lui dit-on? *Par-là*, répond-il, en mettant la main à l'esto-mac (au *plexus solaire*, origine de la sensi-bilité nerveuse) (1).

En effet, dans cet état il peut par ce nou-vel organe remplacer celui de la vue. Il a cet avantage, comme les *somnambules*, dont on connaît l'histoire, et dont l'un écrivait de la musique, les yeux bien fermés, et devant les-quels on avait placé une planche, afin de vé-rifier s'il ne voyait pas à travers ses paupières: on put s'en tenir à la négative, en le voyant continuer d'écrire.

(1) La physiologie comparée des animaux ouvre un champ vaste à l'observateur. Le mécanisme des *sens* est encore peu connu, ainsi que la *supplé-tion* de l'un par les autres. C'est dans un examen attentif de toutes les parties de la chaîne des ani-maux, depuis l'homme jusqu'au ver qui rampe à ses pieds, que le physiologiste appréciera combien la nature a été ingénieuse à combiner, balancer et remplacer les facultés des organes des *sens*, par-ticulièrement celles du *tact*, de la *vue* et de l'*ouïe*. Cette partie de la physiologie n'est pas la moins curieuse; et dès que l'on soupçonne que les obser-vations à faire peuvent être utiles, il faut les mul-tiplier.

A l'exception des yeux, tous les organes des sens sont d'une sensibilité exquise. Le malade, s'il demande à manger ou à boire dans ses *sommeils*, en fournit la preuve en faveur de l'odorat et du goût. Il entend très-bien. On jugerait, à sa sensibilité, que tous ses nerfs sont à la superficie du corps.

Tous ses mouvemens sont aisés, et en donnant la main à son guide actuel, il passera de la pièce où il est dans une autre.

Nous devons inférer de là que la présence de ce guide lui est toujours nécessaire, et que s'il lui manquait, si le traitement, surtout, était interrompu ou abandonné, il en résulterait les mêmes inconvéniens, qui auraient lieu, dans le cas où il serait troublé par les *inanalogues*, et par les accidens dont nous avons parlé plus haut.

Entre le sujet et l'opérant, il y a des effets inégaux du rapport établi de l'un à l'autre.

Le premier, par exemple, dira constamment quelle est l'heure précise qu'indique la montre que l'autre aura dans sa poche. Le second n'a pas cette faculté. Celui-là entendra dans tous les *sommeils* de son traitement, un clavecin, un piano, tout instrument que l'autre aura touché, quelle que soit la personne à eux étrangère qui en joue.

Le *somnambule* a, de plus, un autre avantage ; il connaît tout ce qui se passe relativement aux choses qui concernent son traitement, dans la pensée de la personne qui le touche. Mais il faut qu'il soit dans la classe des *somnambules* très-perfectionnés. Ces dispositions varient chez les différens sujets, en raison de leur aptitude à *modifier* le *fluide* qui leur est transmis par une *modification* qui n'est elle-même que la seconde : la première est celle au milieu de laquelle nagent, pour ainsi dire, tous les corps. Que de mouvemens simples d'un moyen plus simple encore dans l'examen duquel on peut trouver de grandes vérités, et faire des découvertes applicables à une infinité de choses ! *Là est ce qu'on a nommé *calorique*, *électrique*, *galvanique*, etc. *Un seul fluide universel est le principe de toutes les actions et modifications des corps : il les pénètre*, écrivaient MM. *Goussier* et *de Marivetz*, dans leur PHYSIQUE DU MONDE. Quel texte à méditer ! comme il invite à multiplier des expériences qui le développent ! O jeunes gens pour qui nous écrivons des faits *inconçus*, parce qu'ils sont inconcevables pour ceux qui ne les ont pas pu observer, travaillez à *déduire des considérations de la nature les explications de tous les phénomènes*, comme avaient espéré le faire les deux auteurs cités ! Quelle clé ils vous ont mis dans les mains, pour pénétrer partout où se cache la nature ! Quel levier pour soulever les masses d'un chaos formé par tant d'opinions, de contradictions, de conjectures et de systèmes !

Faites donc des expériences : d'autres avant vous en ont fait avec succès ; ne vous découragez pas.

Mais avant d'essayer la pratique d'un art nouveau pour vous, examinez si vous êtes dans la classe de ceux à qui une constitution énergique a donné des moyens puissans de *modifier* le *fluide*.

Cette puissance n'est pas également distribuée. Elle s'altère par les excès : elle n'existe pas chez ceux qui sont victimes de certains désordres : elle est incompatible avec les violentes agitations de l'âme.

Un signe certain de cette faculté est, pour ceux qui veulent observer les relations entre eux-mêmes et l'état de l'atmosphère, l'impression éprouvée avant et pendant les orages, dans lesquels l'aggrégation du *fluide* paraît nous rendre plus sensible que d'autres aux divers mouvemens météoriques.

La conservation de ces moyens est dans l'exercice que l'on en fait. Leur usage donne plus de force à l'idonéité de celui qui les pratique. Le corps devient machine de transmission. Son aptitude à *modifier* le *fluide* se perfectionne : l'affluence de ce principe de vie et de conservation en sera la cause autant de tems que l'oblitération des organes, et la débilité, précurseurs de la destruction, n'annonceront point encore le terme marqué à tout ce qui a reçu l'existence. Il faut donc inférer de là que l'âge de la plus haute énergie est celui où l'on peut se livrer à faire des expériences, et que la vieillesse est peu favorable pour les tenter, à moins que l'on ne soit du nombre de ceux qui, en comptant beaucoup d'années, n'ont pas les infirmités ni l'affaiblissement qu'elles amènent.

Il pourrait arriver que la curiosité et l'ardeur qui l'accompagne, fissent faire des imprudences. Il faut mettre l'observateur en garde contre leurs dangers et leurs suites.

On ne manquera pas de trouver dans la société des personnes qui, par curiosité, voudront faire essayer sur elles les moyens dont l'usage peut provoquer au *somnambulisme*. Il convient de n'en employer aucun légèrement et sans examen, surtout avec les femmes.

Nous avons insinué précédemment que la patience devait être une des vertus essentielles de toute personne qui se sentira d'ailleurs propre à faire ces épreuves. Insistons sur ce point. Le traitement d'une maladie, compliquée de plusieurs autres, a duré quatorze mois. Un, et souvent deux *sommeils* étaient exigés chaque jour. Les *sommeils* duraient plusieurs heures. Cette cure a été faite à Paris, en présence de M. *Béqueret*, aujourd'hui doyen des pharmaciens, rue ci-devant Condé. Nous nous proposons de revenir sur ce phénomène, l'un des plus étonnans du *somnambulisme*.

L'assujétissement est adouci par des dédommagemens. Chaque degré franchi engage à en franchir un autre. Plus ce que l'on voit est extraordinaire, plus on sent se fortifier le courage. Vient ensuite, et ce qui est bien doux, un sentiment de dévoûment à un malade qui

s'attache à vous, en insistant sur le besoin de
la persévérance dans les moyens de le délivrer
de ses maux.

Cet assujétissement est impérieusement com-
mandé. Nous allons le démontrer par une observation.

Pendant chaque *sommeil* le malade sent une
chaleur plus ou moins marquée au siége de
ses douleurs. Cette *chaleur* se maintient après
le *sommeil :* mais elle se dégrade à mesure
que s'éloigne le moment où le *sommeil* a fini.
Un grand avantage est que cette *chaleur* ait
encore quelques-uns de ses degrés, à l'instant
où le *sommeil* suivant commence. Cette non
interruption d'activité de *chaleur* fait, pour
ainsi dire, un tout de plusieurs parties. Mais
si l'interruption a lieu, le travail de la nature
se retarde et languit : si elle est longue, de
graves accidens peuvent en être la suite. Par
exemple, admettons (ce que nous avons vu)
qu'une humeur morbifique ait été sécrétée du
tissu du poulmon, et fixée sur sa superficie,
pendant que sa coction devait se terminer ; supposons ensuite que cette interruption soit trop
longue, ou suivie de l'abandon, alors l'effet
de cette inconsidération le plus calculable, sera

la résorption de cette humeur par le même viscère, où éclateront de nouveaux accidens pires que ceux qui ont primitivement donné naissance à la maladie.

Une question qu'il est bien naturel de faire se présente ici. Les femmes sont-elles douées de cette faculté de modifier le *fluide* au profit d'un malade? Avec quel plaisir ne doit-on pas répondre affirmativement, lorsque l'on connaît leur patience infatigable auprès des malades, leur sensibilité, leur adresse, et surtout cette manière aimable de multiplier les petits soins, qui ne peuvent être trouvés que par des âmes aimantes. Ne semble-t-il pas, à les voir ceintes du tablier de garde-malade, près d'un époux, d'un enfant, d'un ami, que l'instinct de conserver est inséparable en elles de la *puissance de la fécondité* ?

Nous ne diminuerons point la gloire d'un avantage qu'elles partagent avec les hommes : mais elles n'en jouissent pas toujours. A de certaines époques, et dans la grossesse, cette faculté cède à d'autres mouvemens qui se font en elles. Ici la nature ne fait pas deux choses à la fois. Toute modification du *fluide* est au profit du mécanisme de deux opérations

qui l'absorbent. Dans ces deux cas, les femmes
en reçoivent beaucoup, mais elles ne le trans-
mettraient pas, si elles n'étaient pas douées
d'une énergie surabondante et peu commune.
Ceci doit nous faire observer que les hommes
se mettent dans des dispositions pareilles,
lorsqu'en multipliant les jouissances, ils des-
cendent à la simple faculté d'aspirer pour eux
seuls le *fluide*, et à l'impuissance d'en communiquer, jusqu'à ce que la modération et le
repos les ait fait remonter à leur première
énergie.

Lorsque les révolutions de l'âge critique
sont passées, les femmes partagent également
cet avantage avec les hommes.

Hommes et femmes tenteraient en vain de
procurer de nouveaux *sommeils* à un *somnambule* dont la cure est terminée, sauf le
tems de l'écoulement périodique chez les femmes. Cette vérité constante nous prouve que
pour être susceptible de ces *sommeils*, il faut
avoir une maladie qui en sollicite le bienfait.

Ainsi, regardons comme inutiles les de-
mandes qui nous seraient faites par des personnes en santé qui nous solliciteraient de faire
des épreuves en les *touchant.* Dans la disposition

position où les met un parfait équilibre, elles n'éprouveraient aucun des symptômes apparens de la transmission du *fluide*. Cependant elles le recevraient, mais comme étant elles-mêmes intermédiaires ; et elles le rendraient à la masse générale. Elles le sentiraient seulement dans le cas où un engorgement, principe de maladie, serait un obstacle à la libre circulation d'inspiration et d'expiration. *Je ne sens rien*, dira une personne *touchée ; donc votre prétendu mécanisme du fluide n'existe pas*. Fausse conséquence. C'est pourtant avec elle qu'on a cru manier une arme victorieuse. On a tout nié, parce qu'on n'a pas eu sa propre sensibilité pour témoignage, en faveur d'une chose dont l'existence est chimérique pour quiconque n'a pas vu des expériences, et *qui paraît encore inconcevable, bien au-delà du premier moment où on les a commencées.*

CHAPITRE VIII.

De quelques objections contre le
somnambulisme et ses effets.

Sɪ le merveilleux a beaucoup de sectateurs
parmi le commun des hommes qui admettent
des faits sans les examiner, il a, à juste titre,
bien plus d'ennemis dans la classe des gens
instruits, qui ne doivent faire aucun sacrifice
de leur raison avant que d'avoir examiné si
ce qu'on leur propose à croire peut être admis.
Mais il faut qu'ils examinent. Prononcer un
jugement, sans le bien motiver, est une in-
justice. La chose reste toujours à juger; l'exécution de l'arrêt peut prouver l'autorité, mais
non la justice. *Je ne connais pas cela ; je ne
prescris pas ce que je ne connais point ,* ne
sont que des expressions vagues, et qui ne
désignent que des vues despotiques, et des
abus de pouvoir. Il ne faut pas se rendre coupable des uns, ni avoir à se reprocher les autres.
Mais allons plus loin : l'exercice de l'art de
guérir ou de soulager nos infirmités est une
espèce de sacerdoce que la nature confie à

ceux qui ont long-tems étudié sa marche,
ses mouvemens, et calculé la variété de ses
richesses. Ce noble ministère impose à ceux
qui en sont honorés de nombreuses obliga-
tions. L'une d'elles est l'analyse, comme s'ils
étaient encore sur les bancs : c'est y être toujours, lorsqu'il reste quelque connaissance à
acquérir. Si, de préférence, on appelle, pour
une maladie grave, un vieux praticien, c'est
parce que ses études non interrompues, et les
révolutions de ses nombreuses années, font
présumer qu'il a plus travaillé, pour plus acquérir.

Le système de s'arrêter au point où l'on est
arrivé n'est que de l'entêtement. Le *vires ac-*
quirit eundo est applicable à tous les arts. La
fixité du soleil, la circulation du sang, l'émétique, l'inoculation, la vaccine seraient à
trouver, si l'ardeur dans les recherches et dans
l'observation n'était pas animée par un courage à l'épreuve de toutes les contrariétés.

Mais il y a une marche invariable à suivre
pour procéder à un examen. Avant tout, il faut,
pour ainsi dire, s'armer de la discussion qui
énerve les préjugés et les préventions, et qui
finit par les tuer ; ne pas tenir à des opinions

particulières ; se dépouiller de tout intérêt
personnel ; éloigner l'esprit de corps ; enfin
s'élever au-dessus de soi-même, et obtenir
cette impassibilité qui ne permet ni les exal-
tations de la tête, ni les excès de l'indiffé-
rence et de l'apathie du cœur.

Les ennemis les plus acharnés du *somnambulisme* n'étaient pas pénétrés de ces principes. Ils s'écriaient : *Toutes ces prétendues
merveilles sont des impostures ; des jeux
d'imaginations délirantes ; des manéges de
femmelettes ; des surprises faites par des in-
trigans.* Mais en criant, ils n'examinaient
rien. Les partisans de la nouvelle doctrine gar-
dèrent le silence. Ils prirent le parti de ne
plus provoquer des injures, qui ne sont pas
des raisons ; et d'en appeler au tems, qui, en
usant beaucoup de choses, en amène d'autres.

Le refus de croire et d'examiner, les ana-
thèmes prononcés étaient accompagnés d'objections adroites, non contre la doctrine au
fond, on ne la discutait pas, mais contre la
pratique. Celle-ci fut dénoncée au tribunal
de la décence et des mœurs. Quoique, à cet
égard, il n'y ait pas eu de jugement solennel,
l'honnêteté, éveillée sur la conservation de

ses droits, manifesta sa répugnance. Peu de personnes, après cela, se seraient exposées à passer pour outrager les mœurs, et pour être acteurs dans des scènes où elles auraient pu courir des dangers. Le reproche contenu dans cette inculpation n'est pas sans fondement : MAIS ELLE EST APPLICABLE AUX SUITES DES SÉANCES DE BAQUETS. Des femmes en crises, abandonnées à des accès convulsifs, s'agitant et se roulant sur des matelas, n'offraient point aux mœurs un tableau très-pur. Aussi ce scandale trouva son terme dans la prévoyance des maris, et dans la réserve naturelle aux femmes.

Nous allons démontrer que ce reproche ne pourrait être fait qu'injustement aux pratiques du *somnambulisme*.

Jamais le toucher à nu n'est nécessaire, avons nous déjà dit.

Les *crises* suivies avec attention, et pendant lesquelles on multiplie la communication du *fluide* pour les développer, les calmer, et les terminer, ne peuvent point renouveler les scènes des convulsions du baquet. Les *crises* prises aux baquets n'auraient pas eu cette intensité, dont un des effets apparens

était une agitation déréglée, si elles eussent
été perfectionnées par la continuité du toucher.

Mais, dira-t-on, une femme *somnambule*
s'expose à une surprise avec un homme que
l'on nous dit être animé de toute l'énergie de
la santé.

C'est dans la direction même des effets du
mécanisme de cette énergie que va se trouver
la réponse à cette objection.

Non-seulement l'homme qui *touche* conti-
nuement une *somnambule* lui transmet le
fluide par les pores de la main ou des mains,
qui sont en contact avec les intermédiaires
qui lui couvrent le corps; mais encore il se
fait une continuelle émanation de ce *fluide*
par tous les pores de la partie du corps qui
est en opposition avec elle. Revenons à ce
principe énoncé ci-dessus : la nature ne fait
pas deux choses à la fois dans le même individu, et avec la même énergie. Toute la masse
disponible du *fluide* l'est au profit d'un seul
acte. Elle ne se partage pas. Elle peut changer
de direction ; mais si cette direction n'est plus
au bénéfice de la *somnambule*, attendu qu'elle
était la cause de cet état, le sommeil cesse
au moment où le réveil des passions manifeste

que le *fluide* n'est plus *modifié* pour la malade, mais exclusivement au profit d'un seul point où il est absorbé. La femme éveillée, rendue à son état ordinaire, n'a pas à craindre de surprise. Ajoutons à cette observation, qu'un homme occupé de ce qu'il fait n'éprouve que les sensations seules du mécanisme d'un *fluide* qu'il *modifie* pour la malade : les autres sont loin de lui. Toute sa pensée est à l'action du traitement.

Ce qui a donné plus d'activité au désir d'arrêter l'essor de cette découverte, c'est la simplicité des moyens qu'elle a de s'étendre, quelque difficile que soit l'exacte observance des précautions qu'exige une pratique suivie. Ces moyens parurent, dans les premiers tems, à la portée de tout le monde. L'expérience a prescrit beaucoup d'exceptions. Nous persistons donc à croire que le domaine de la médecine doit s'agrandir par les conquêtes de cette belle et intéressante partie de l'art ; et que ceux qui le professent et l'exercent doivent s'emparer de tout ce qu'elle offre de richesses à un bon observateur. Nous allons voir sur quoi s'appuie cette opinion.

CHAPITRE IX.

Les médecins doivent être les ministres
de la transmission du *fluide universel*
par le *somnambulisme*.

Un *somnambule* perfectionné est, ordinairement, très-éclairé, non-seulement sur ses
propres maux, mais encore sur ceux des autres
mis en rapport avec lui. Lorsque son traitement
est bien établi, lorsqu'il *voit* bien ce qui se
passe dans son intérieur, il peut faire faire un
cours à la personne qui le touche. Si cette
personne est incapable de saisir la lumière que
présente ce nouveau guide, si elle manque
de connaissances physiologiques, les relations
entre les deux individus produiront un faible
intérêt; et, par la faute de l'un des deux inter-
locuteurs, elles amèneront des développemens
imparfaits sur les différens objets qu'on peut
proposer au malade, sans sortir toutefois du
cercle de ceux qui l'intéressent lui-même et
ceux qu'il touche, sous le rapport de la santé,
ou des choses qui peuvent influer sur elle.

Les entretiens avec un *somnambule* peuvent

être très-intéressans , si celui qui provoque les *sommeils* a quelque instruction sur plusieurs parties de la physique. Combien donc ne le seront-ils pas avec un médecin ! L'homme de l'art peut tirer un grand parti de ces moyens, qui, par le mépris qu'on en a fait, ne sont pas jugés, et qui méritent bien l'attention du docteur. Pour mériter cet honorable titre , ne convient-il pas d'accueillir ce qui se présente sous les couleurs de l'utilité , sauf le rejet après un mur examen qui en justifie les motifs.

» L'assujétissement qu'exige le *somnambu-*
» *lisme* auprès de celui qui l'éprouve, la pré-
» sence nécessaire, pendant chaque *sommeil*,
» de celui qui le fait naître et l'entretient, de-
» mandent beaucoup trop de tems pour qu'un
» médecin, qui doit le partage du sien à beau-
» coup de malades, puisse ne le consacrer qu'à
» un ou deux, par jour , et quelquefois à un
» seul, si celui-ci exige deux *sommeils* en
» vingt-quatre heures. Donc , nous dira-t-on ,
» un médecin ne peut pas se livrer exclusi-
» vement à cette pratique. »

Cette objection prend toute sa force dans l'activité que les médecins doivent partager au profit de la Société.

Elle est sans réplique jusqu'aujourd'hui que les *somnambules* ont toujours réclamé, exclusivement à tous autres, les soins, l'assujétissement et la présence de ceux qui les ont d'abord *touchés* et endormis, avec les procédés les plus simples.

Mais on peut, en multipliant les expériences, vérifier

1°. Qu'un *somnambule*, par une espèce d'égoïsme et de doute bien naturels, ne donne peut-être cette exclusion que par la certitude de la réalité du bien qu'il éprouve, et par l'incertitude de celui que lui ferait un autre ; incertitude qu'il conviendrait de discuter à l'avenir avec des *somnambules*.

2°. Qu'un changement de main peut très-bien n'être pas préjudiciable au malade.

5°. Qu'il est possible d'en raisonner avec lui, ou plutôt de soumettre à son examen les moyens de donner, sans danger et sans inconvénient, un suppléant ou un continuateur à la personne qui a touché pour les premiers *sommeils*.

En admettant la possibilité de ce changement, nous supposerons qu'il a eu lieu, et qu'un médecin a fait un *somnambule*.

Comme les *sommeils* sont de plusieurs heures, un de leur moment peut être saisi par le médecin pour voir les progrès du traitement, interroger le malade, et la personne qui le remplace, sur les prescriptions, l'exécution, et les effets des médicamens, s'il y en a eu d'indiqués.

« Mais, dans ce cas, n'est-ce pas mettre
» un homme inepte à la place d'un homme
» instruit ? N'en résultera-t-il pas des bévues,
» des oublis, des contrariétés, des contre-tems,
» des agitations dangereuses, qui, si elles
» n'ont pas le caractère d'un mal irrémédiable,
» pourraient au moins nuire à la cure, ou la
» retarder ? »

Nous assurerons qu'il est possible de mettre beaucoup de confiance dans un continuateur.

En effet, on a vu des traitemens commencés, continués et perfectionnés sous la main de personnes étrangères à toutes les connaissances médicales, et douées simplement d'un sens droit, d'intelligence, et surtout de prudence et de patience. S'il en est ainsi, il n'y a pas de doute que l'on trouvera facilement des personnes capables d'être les seconds des médecins.

Leur position, relativement à cette découverte, n'est plus la même qu'à l'époque où celui qui s'en disait l'inventeur vint se placer près d'eux pour affaiblir l'opinion et la confiance, et tenter d'obtenir pour de nouveaux moyens curatifs une préférence marquée sur les leurs. Alors l'amour-propre blessé voulait une victime; le crédit fut invoqué; tout concourut à l'immoler. Aujourd'hui, l'autel du sacrifice n'est plus sous la garde des mêmes sacrificateurs. La raison, victorieuse de toutes les animosités, en a fait descendre la haîne, et s'y est placée. Elle y attend l'hommage des Écoles, et des Sociétés médicales, avec le sacrifice de toutes les passions, de tous les préjugés, de toutes les préventions. Ce n'est plus de *Mesmer* dont il est question, mais du *somnambulisme*, dont les merveilles n'ont été bien connues que par les expériences de ceux qui honorèrent la science, en se disant les élèves de cet étranger. Il n'y a plus aujourd'hui de lois à recevoir de ce sentiment qui fait rougir d'avoir proscrit, même contre sa conscience, une doctrine que repoussait alors la crainte du ridicule. Trop de noblesse et d'élévation se manifestent dans les discours publics et dans

les écrits des ministres du temple d'Esculape,
pour leur supposer les passions des hommes
au-dessus desquels ils s'élèvent. « Les notions
» physiques se perfectionnent tous les jours,
» la médecine est destinée à se compléter de
» toutes les acquisitions futures de l'esprit hu-
» main. N'en doutons pas, quand nous aurons
» atteint ce qui fait aujourd'hui l'objet de
» nos vœux, des travaux non moins pénibles
» réclameront encore notre zèle et nos efforts :
» c'est le triste apanage de l'homme de n'a-
» vancer qu'avec labeur vers la vérité, et par
» des pas lents et successifs. La théorie d'un
» seul phénomène exige souvent le concours
» des lumières de plusieurs siècles : la nature
» n'est point comme ces amans vulgaires, dont
» les premières faveurs sont les seules à con-
» quérir. Que de secrets, que de merveilles
» elle nous dérobe, et qu'elle semble ne des-
» tiner qu'aux recherches infatigables de nos
» descendans ! » Ces grandes idées élégam-
ment exprimées dans le discours prononcé par
le docteur *Alibert*, en présence de la Société
Médicale de Paris, trouvèrent sans doute au
milieu d'elle le même accueil, la même adop-
tion que chez toutes les personnes amies des arts

utiles. Il y avait de la justice à dire aux savans qui la composent qu'il reste des découvertes à faire en physique; que toutes les palmes ne sont pas cueillies dans le champ de la science; et qu'il se pourra tresser encore des couronnes pour de nombreuses générations d'élèves. Quel espoir, quel encouragement pour ceux qui travaillent à présent à se rendre dignes de tenir un jour le même langage, et de faire servir l'éloquence à lui donner un nouveau charme! Mais ce bel hommage rendu à la fécondité, aux richesses cachées de la nature, serait stérile, si la simple indication d'une découverte ne ranimait pas toute la chaleur de l'esprit d'observation; si, de nouveau, et comme il y a vingt ans, sans motifs d'humilier un étranger qui parut trop enthousiaste, le dédain prenait ici la place d'une sage curiosité; si enfin, au mépris des droits de l'humanité, l'insouciance rendait indifférent sur des avantages à discuter, à vérifier, et, s'ils sont réels, à étendre dans tout l'empire que la science, l'habitude et la confiance fondèrent, et qu'exercent les médecins dans la Société. Cet empire est presque sans limites : la puissance de celui que l'on invoque pour être guéri d'un mal quel qu'il soit, est égale à l'amour de la vie : elle dicte des lois : la peur les ferait adopter, au défaut de la confiance. Ce dernier sentiment et le pouvoir qui le fait naître, et qui l'entretient, ont été peints d'un mot par le plus philosophe de nos comiques : *Je te donnerai la fièvre.* La Société n'obéit donc qu'aux arrêts de la Faculté. Chaque consultant n'admet que la doctrine du consulté ; et tel qui a été, toute sa vie, incrédule, et qui a repoussé les conseils dictés par une science qu'il ne croit que conjecturale, cède au besoin d'approcher de soi le praticien consommé, dont les travaux et les observations l'ont élevé à la gloire d'arracher souvent à la mort un père, un époux, un enfant chéri, un homme utile ; et de prévenir de grands maux par ces moyens simples, mais sûrs, que la nature révèle à l'homme habile qui sait l'interroger et l'étudier. C'est la Société qui doit aujourd'hui demander compte aux médecins de ce qu'ils ont fait, et de ce qu'ils doivent faire pour vérifier des expériences dont le résultat peut lui être utile. Jamais, depuis le siècle où vécut *Hippocrate* et les tems d'ignorance qui obscurcirent l'éclat de beaucoup d'arts perfectionnés par les Anciens, l'art de

guérir ne s'est entouré de plus de lumières.
La médecine est riche du produit des études
les plus approfondies. La physique a été suivie
dans toutes ses branches. Les connaissances
acquises dans toutes les parties de l'anatomie,
dans toutes celles de la nomenclature en bota-
nique, la chymie, qui vient d'arriver à pas de
géant pour analyser les végétaux indigènes toujours soupçonnés d'avoir été mis sous nos pieds
pour nos besoins, tout a grossi le trésor du
premier des arts : et c'est, peut-être, au siècle
présent que sont réservés de nouveaux honneurs, et la gloire de rendre absurde le reproche que l'on fait à cette science d'être conjecturale. En effet, ne serait-il pas impossible
qu'elle le méritât, si une nouvelle découverte
prouvait qu'il y a des indicateurs certains de
l'usage approprié des ressources de la médecine? Bannissons donc toute crainte du ridicule. Disparaissez vaine puérilité, amour-
propre mal calculé. Pourquoi ne pas avouer
ouvertement une opinion déjà formée, et que
l'on ne dissimule que par un faux respect humain, et par la peur d'être signalé comme des
novateurs que repousseraient des consultans
et des consultés ? Tel qui dit : *je me servirais*
bien

bien de ce moyen qu'avoue la nature, mais je n'ose attacher le grelot, n'a fait que la moitié de son devoir ; qu'il le fasse tout entier et avec courage. Déjà les faits du *somnambulisme*, certifiés par les médecins de Lyon, où ils se sont passés cette année, appuyés par le témoignage de ceux de Genève, présentés à la réunion de quelques-uns des plus célèbres de Paris, ont réveillé la curiosité, excité l'intérêt. Pourquoi, enhardi par des preuves irrécusables, s'arrêterait-on dans une carrière que l'expérience vient de rouvrir ? Pourquoi la première ville de l'Empire céderait-elle à la seconde en ardeur à rechercher la vérité ? Courage et patience, généreux lyonnais ! C'est dans votre patrie qu'avaient été faites aussi des expériences constatées par des praticiens habiles ; et les écrits lumineux de MM. *Bonnefoi* et *Grandchamp*, votre ancien collègue, et maintenant fixé à Paris, ne seront point oubliés par ceux qui s'empressent aujourd'hui à recueillir tout ce qui a été publié sur le *somnambulisme*, et qui en appuie les phénomènes par des journaux authentiques du traitement de diverses maladies. Mais jugeons favorablement des hommes, de l'em-

7

ploi qu'ils feront de leurs lumières, et des efforts voués au triomphe de la vérité (1). Si de grands prétextes ont paru dans un tems motiver le dédain et des persécutions, de grandes raisons prescrivent une autre conduite, au-

(1) On trouve l'observation suivante dans un Dictionnaire publié en 1772, par une société de médecins.

« On a vu réussir, dans ce cas (celui de faci-
» liter la dépuration d'un sang appauvri), l'appli-
» cation ou la communication de la chaleur d'un
» homme sain et robuste, qui a aidé la nature à
» se débarrasser des restes de la matière morbi-
» fique. Il est facile de comprendre qu'une grande
» quantité d'émanations saines et salutaires doit pas-
» ser, par ce moyen, dans le corps épuisé du ma-
» lade. L'application réitérée des serviettes chaudes
» n'équivaut point à cette méthode; car la chaleur
» dont il a été parlé est non-seulement plus natu-
» relle, mais encore plus douce, plus humide,
» plus égale et plus uniforme. » *Art.* Fievre, page 6
du tome III du *Dictionnaire universel et raisonné
de Medecine, de Chirurgie,* etc. *in-*8°. L'ouvrage est
estimé. Cette observation faite par les auteurs sur la
chaleur animale, et sur ses effets, est très-remarquable : il convenait donc de la citer, et de prouver par elle que la théorie d'une modification de la chaleur animale utile à un malade vaut la peine

jourd'hui que l'asservissement aux préjugés n'obtiendrait pas l'indulgence que l'on doit à l'erreur, mais mériterait le sentiment dû à la ténacité d'un entêtement ridicule et criminel.

qu'on l'appuie par des expériences ; puisque des médecins, dont ce dictionnaire atteste le talent, en reconnaissent l'utilité et les avantages. Une telle doctrine du *fluide* ne peut donc pas être regardée comme étrangère dans l'École. Pourquoi différer de l'expliquer, de l'étendre, et de s'applaudir enfin d'avoir trouvé à nos maux un remède de plus, ou un soulagement ? Qui se livrera à cette étude, à ce travail, si ce ne sont pas les médecins ?

CHAPITRE X.

De quelques-unes des causes du réfroidissement de l'enthousiasme en
faveur du *somnambulisme*.

Le plus grand obstacle au développement
des découvertes, est l'enthousiasme. Il aveugle
les auteurs et le public. C'est ce qui est arrivé
à l'occasion du *somnambulisme*. La ténacité
des premiers, comme la légèreté du second,
les placèrent bientôt au-delà des bornes. Mais
l'un revient rapidement sur ses pas, lorsque
les grandes espérances qu'il avait conçues sont
trompées. L'accélération de sa marche rétro-
grade est doublée par la crainte du ridicule.
Cette tache est celle dont on veut le plus éviter
le reproche. Les marionettes jouèrent la découverte : peu de français résistoient alors à
cet argument.

En prônant le *somnambulisme* outre mesure, on le servit mal. L'éloge outré de ses
moyens et de ses effets lui donna les honneurs
d'un remède universel. On apporta l'exagéra-

tion *là* où il fallait des preuves. De toutes
parts le *sommeil* était provoqué sur une multitude de personnes qui, n'éprouvant aucun
effet, niaient l'existence de la chose, au lieu
de juger une inefficacité relative à leur position, à leur *analogie*, et à celles des faiseurs
d'épreuves.

Cette partie du reproche fait au *somnambulisme* a trouvé plus haut sa discussion,
lorsque nous avons fait connaître la réunion
des élémens qui le composent, pour ainsi dire,
et des circonstances sans lesquelles il est in-
complet, ou n'existe pas.

Mais on ne se borna pas à ces reproches.
On fit un crime au *somnambulisme* de n'être
pas un remède contre la mort : on voulait,
au moins, qu'il en fût un pour tous les maux
graves dont l'humanité est affligée ; et qu'il
le fût surtout à de certaines phases ou degrés
de ces maladies dont les paroxismes annoncent
que l'arrêt de destruction de la machine est
irrévocablement prononcé.

Nous allons faire connaître que, dans bien
des cas, une pareille attente doit être trompée.

Lorsque, par exemple, une apoplexie sé-
reuse, ou sanguine, a violemment frappé un

malade, le coup de la mort est porté, si l'humeur ou le sang, dans leur effervescence et leur éruption déréglée enlèvent aux organes leur activité et leur ressort. En vain appelleriez-vous le *fluide* : il faut encore un jeu , une faculté vitale indispensables des organes pour le recevoir.

Il n'en aurait pas été de même avant l'accident. Une évacuation, un saignement du nez ou des veines hémorroïdales, auraient été une crise salutaire : elle aurait garanti du danger le malade.

Un *somnambule* aurait pu dire, avant l'accident, et après avoir touché cette personne, qu'il convenait de lui faire prendre un vomitif, ou lui appliquer les sangsues, si , toutefois, une suffisante modification de *fluide* ne déterminait pas l'effet de l'un ou de l'autre remède.

Présentez à l'action de ce moyen un sujet attaqué d'une phtisie pulmonaire, et arrivé à ce degré où la maladie a presque entièrement détruit le poumon , le *fluide* qui là peut conserver la vitalité, ne la créera pas : cette vitalité n'y est plus : le malade doit être considéré comme mort. Physiquement et méca-

niquement il n'y a aucun moyen de le guérir :
le *somnambulisme* ne crée pas : il conserve.

Mais essayez sur une personne dont le poumon n'est encore qu'affecté d'une humeur,
dont la fermentation peut, par la suite, conduire à un degré de phtisie plus considérable,
vous aurez probablement un *somnambule*. De
tous les maux, ceux avec lesquels on en est le
plus susceptible, sont ceux du poumon. Pris
à tems, le malade se guérira.

En général, ce remède (il faut enfin lui
donner son nom) est applicable aux maux qui
lèsent les principaux organes de la vie, tels
que les viscères essentiels à la respiration, ou
ceux qui sont destinés a régulariser les mouvemens du sang et de ses sécrétions (1).

(1) Dans le cas d'une simple indisposition, la personne touchée régulièrement, plus ou moins long-
tems chaque jour, n'étant pas affectée d'une maladie qui intéresse les viscères essentiels au mécanisme de la vie, ne deviendra pas *somnambule ;*
mais elle n'en sera pas moins soulagée, et enfin
délivrée d'un malaise qui l'inquiétait, et qui pouvait
être le commencement d'une maladie.

Un des symptômes de la transmission du *fluide*
est la transpiration. Souvent, dans moins d'un quart-

Il n'y a malheureusement qu'un trop grand nombre de jeunes personnes, ou qui reçurent

d'heure, des sueurs locales, ou même générales , en sont le premier effet, et le seul. Leur continuité, dès le premier jour, ou dans un espace de tems prolongé, suffit à faire évanouir l'indisposition. Quelquefois des tiraillemens dans les nerfs accompagnent ce premier symptôme.

Celui-ci confirme les observations de la médecine. On ne lit pas les bons traités des maîtres les plus habiles sans admirer la description de la peau. Cette enveloppe, riche elle-même de mécanisme, riche de la beauté dont les traits préparent le triomphe de sa puissance, couvre l'œuvre le plus étonnant de structure intérieure et de variété. Elle est percée d'une infinité de pores dont les fonctions sont indispensables à la vie et à la santé. La peau est, pour ainsi dire, une machine toujours mouvante. Elle reçoit et transmet sans cesse l'air atmosphérique et le *fluide igné* qu'il contient : elle le rend, en état de santé, avec la même énergie : c'est alors un mouvement d'aspiration et d'expiration non interrompu. On a donc dû en conclure que les remèdes qui portent à la peau sont toujours indiqués, lorsque sa sécheresse , sa rigidité et son insouplesse annoncent que ses fonctions sont suspendues. Les rétablir est donc le premier des remèdes ; souvent il est le seul : souvent les transpirations sont la crise que sollicite et prépare le praticien

en naissant le germe de la pulmonie, ou qui s'exposent à prendre cette maladie, en croyant

exercé : dans combien de cas ne sauvent-elles pas des malades ! Aussi le médecin qui les demande à la nature est-il convaincu que, dans ce cas, atténuer les forces par la saignée, c'est enlever au sang celle d'un mouvement nécessaire à l'éruption des sueurs.

De nouvelles observations sur le jeu de la peau et son activité, ne pourraient-elles pas nous conduire à connaître, peut-être, les causes des différentes nuances de variété des formes les plus apparentes qui constituent les divers degrés de beauté ?

Quoique celle-ci soit de convention chez plusieurs peuples, et que, dans l'opposition des climats, le *hottentot* et le *lapon* aient la leur, il est constant que de vrais types de beauté seront l'*Apollon* et la *Vénus* tant admirés préférablement aux habitans des contrées du globe, où trop de chaleur et trop de froid s'opposent au développement de ces grâces qui brillaient sous le ciel riant où les statuaires de l'antiquité furent élevés à la fiction de ce beau idéal, moins rare cependant pour eux au milieu des charmans modèles que leur offrait la plus belle population.

Avec la connaissance des degrés de température, on expliquerait comment la peau soumise à l'action du froid, de la chaleur, et de leur graduation, perfectionne la beauté sous les zônes de l'Asie,

être sous la température de l'Asie, parce qu'elles en veulent adopter les vêtemens. C'est sur de tels sujets que l'on peut utilement tenter et multiplier des expériences. On les fera aussi avec moins d'éclat, mais aussi efficacement, sur celles qui, en passant de l'enfance au second âge de la vie, souffrent trop long-tems d'une révolution nécessaire à leur santé et à leur accroissement. On peut accélérer le mouvement du sang, et faire cesser ces fantaisies diététiques qui préparent, pour la suite, des maux dont on cherchera vainement la cause.

Aux motifs du réfroidissement de l'enthousiasme en faveur du *somnambulisme*, il s'en joignit un qui ne doit pas être oublié, la *peur*.

Si les *somnambules* parlent, elles peuvent,

de l'Amérique, de l'Europe : comment un peuple du Nord, par des transpirations factices et indépendantes du climat, s'est placé, au milieu de ses neiges, sur l'échelle des nations qui peuvent prétendre à orner aussi l'empire de la beauté.

Cette partie intéressante de physiologie comparée, nous semble digne de l'attention de quelques-uns de nos maîtres célèbres, qui savent cacher le travail de leurs recherches sous les grâces du style.

disait-on , laisser échapper dans leurs *som-*
meils, des choses qu'elles seraient très-fàchées
d'avoir dites, après le moment du réveil. Cette
crainte, manifestée par les femmes,. nous rappelle naturellement à l'intérèt qu'elles ins-
pirent. Il faut les rassurer.

Leur discrétion habituelle sur les choses
très-particulières qui les touchent, ne se dé-
ment jamais dans le *somnambulisme*. Il est
vrai qu'elles n'auraient pas d'autre motif de
se reprocher des indiscrétions, que la connaissance qu'en auraient les spectateurs : car au réveil, elles ne pourraient s'en avouer coupables :
un *somnambule* ne se souvient pas de ce qu'il
a dit, fait et éprouvé dans ses *sommeils*.

Cette sage précaution de la nature n'est pas
seulement une disposition de bienveillance
pour les femmes : elle l'est de prévoyance pour
tous. Il ne serait pas meilleur pour les *som-*
nambules de connaître les détails de leur traitement, qu'il est souvent dangereux pour le
vulgaire de lire des livres 'de médecine dans
lesquels le tableau des maladies diverses prépare bientôt la persuasion qu'on les a toutes.
La *somnambule* dont nous avons parlé, et qui
l'a été pendant quatorze mois, aurait eu lieu

de s'effrayer, si elle avait su, hors de ses *sommeils*, tout ce qu'elle prévoyait qui lui restait à faire pour arriver au terme de ses maux.

Dans cet état, on a pour les autres la même discrétion que pour soi-même. Rien de désagréable ou d'inconvenant n'échappe à un *somnambule* qui puisse inquiéter ou tourmenter les personnes en rapport avec lui. Nous ne connaissons qu'une exception ; encore à raison des motifs, fortifie-t-elle la règle générale qui vient d'être admise. Il en sera parlé dans le chapitre suivant.

CHAPITRE XI.

Journal du *somnambulisme* d'une personne affectée d'une maladie de poumon (1).

Lorsque beaucoup de personnes cherchaient à connaître les effets du *somnambulisme*, une dame se fit conduire dans une maison où des étudians en médecine avaient une *somnambule*. Elle fut étonnée des merveilles qu'elle

(1) Dans le cours de cette année (1806), les papiers publics firent mention d'une *somnambule* traitée à Lyon. Un médecin de cette ville vint rendre compte de ce phénomène à la Société médicale de Paris. Il appuya l'authenticité du fait par des certificats de médecins habiles de Lyon et de Genève qui avaient été du nombre de ceux qui repoussent cette nouveauté. Ces médecins avaient vu; ils crurent: ceux de Paris ne crurent pas, faute d'avoir vu... Il faut donc voir ; et pour voir il faut faire des expériences. Nul n'a le droit de dire au genre humain : *Je ne veux pas que vous vous serviez de ce remède , parce que je ne veux pas en constater moi-même l'efficacité.*

avoit révoquées en doute. Forcée par l'expérience à ne plus grossir le nombre des incrédules, elle demanda que de pareils essais fussent faits chez elle.

Sur elle - même, et deux autres femmes,
toute épreuve fut inutile. On voulait une *somnambule*. Une femme de la maison fut appelée,
assujettie, *contre son gré*, sur un siége, et assez
promptement endormie.

Ier. SOMMEIL.

(Paris, 5 août 1786.)

Il était 5 h. ½ du soir. Après un quart d'heure
d'un calme apparent, la malade prend un
tremblement universel : son agitation et ses
larmes effraient les curieuses. Elle dit que sa
poitrine est échauffée; qu'elle fera une maladie
terminée par une crise violente et par la mort;
à une époque qu'elle ne voit pas clairement,
que ce qui lui convient est le moyen qui l'a
endormie, et dont elle prescrit l'usage à 4 h.
du soir, le 8 du mois, parce qu'elle y met la
plus grande confiance; enfin, qu'elle se réveil-
lera à 7 h. ½.

Elle demande et boit trois verres d'eau; elle

ordonne qu'on lui fasse prendre, le lendemain, une tasse de tisanne de mauve le matin, et une le soir.

Le réveil a lieu à 7 h. $\frac{1}{2}$; mais il trouble le plaisir d'avoir fait une épreuve satisfaisante pour la curiosité. Un tremblement de tout le corps porte l'effroi de la malade au plus haut degré. On s'applaudit de ce qu'elle n'a pas le souvenir de ce qu'elle a dit de sa mort, et on lui certifie qu'elle a prescrit un autre sommeil. Elle proteste qu'elle ne s'y exposera point : son inquiétude est extrême, quand elle a la certitude d'une suppression.

C'est dans le cours de ce sommeil qu'une personne, qui avait le plus engagé à faire les épreuves de cette soirée, demanda si un de ses enfans devait mourir de la maladie grave dont il était attaqué. La *somnambule* répondit, avec humeur, que sous huit jours il serait mort.

Dans la même personne en voilà deux bien distinctes ; éveillée, ou endormie, quelle différence !

De ce moment au 8 indiqué, la répugnance à se livrer à un nouveau sommeil se manifesta de la manière la plus vive. Cette femme dit à sa maîtresse qu'elle quitterait plutôt son service, que de consentir à agraver ses maux.

Les 8, 9, 10 et 11, aucun raisonnement n'avait pu la faire changer de résolution ; et la suppression et le tremblement augmentaient sa répugnance. Cette fille évitait avec soin ceux qu'elle nommait les auteurs de ses maux.

Consulté, dans cet intervalle, je répondis que je tenterais de persuader la malade, qui, ne me connaissant pas, ne pouvait me mettre au nombre de ceux qui la persécutaient, ni être en garde contre les effets d'une influence dont la preuve était acquise par la susceptibilité caractérisée dans un premier sommeil.

IIᵉ. SOMMEIL.

12 août, 5 heures du soir.

La *chaleur* que ma présence fit éprouver à cette fille, après quelques momens d'entretien, lui donna de l'inquiétude. Celle-ci et la *chaleur* augmentèrent quand je lui tâtai le pouls. L'engourdissement s'empara d'elle ; ses yeux se fermèrent. Je lui proposai de passer du salon dans la chambre à coucher voisine, où, assise dans une bergère, elle serait plus à son aise.

Je

Je le veux bien, me répondit-elle : mais je ne puis y aller seule ; il faut que vous me conduisiez. De ce moment, le sommeil était décidé.

Sa maîtresse, elle et moi, nous quittâmes le salon, et nous trouvâmes dans la chambre deux personnes fort curieuses des suites de ma visite. L'une d'elles était une jeune demoiselle, fille de la maîtresse de la maison ; l'autre, une dame très-jeune encore, et brillante de santé. Cette nuance du tableau était à indiquer.

Dès que la *somnambule* fut assise, je priai ces dames de n'admettre personne avec nous. La porte fut interdite.

Ayant la preuve de mon analogie avec *Pauline*, je voulus avoir celle de la possibilité de prendre pour intermédiaire la dame dont je viens de parler. L'épreuve réussit. Je l'invitai à toucher la malade, en me tenant elle-même la main. La transmission du *fluide* ne fut pas interrompue : mais l'exclusion fut bientôt donnée à la jeune dame.

« Retirez-vous, lui dit la *somnambule*. Vous
» ne valez pas Monsieur. Il faut que ce soit
» lui qui me touche : c'est lui qui m'a endor-
» mie. Vous me feriez du bien, mais pas autant
» que lui. »

8

Assis près d'elle et à sa gauche, ayant devant
nous les trois dames, je plaçai ma main droite
entre ses deux épaules, et la gauche sur ses
genoux. La position de celle-ci lui convenait
moins que celle de la droite : elle la porta elle-
même sur sa poitrine. J'avais fait signe d'observer le plus grand silence : mais la maîtresse
de *Pauline* lui fit remarquer qu'elle était étonnée de cet arrangement. Il n'est pas question
de faire du mal, répondit celle-ci : nos intentions ne sont pas malhonnêtes.

« Pourquoi préférez-vous, lui dis-je, cette
disposition ? — Parce que vos mains ainsi
placées, portent la chaleur plus près du mal.
— Où est-il? — A la poitrine. »

« Où sont ces dames? —Assises devant moi.
(Elle désigna leurs places.) — Vous les voyez
donc ? — Je les *sens*. — Du nez ? Non : là.
(Elle porta la main à son estomac.) — Comment vous trouvez-vous ? — Assez bien. La
chaleur qui vient à moi de vos mains, de tout
votre corps, et surtout de la tête, me fait bien
à la poitrine, où elle arrive. — Pourquoi là ? —
Le mal y est. — Quand guérirez-vous? — Je
ne *vois* pas assez pour le dire aujourd'hui. —
A quelle heure ce sommeil finira-t-il ? — A

six heures trois quarts. — Vous réveillerez-vous seule ? — Non : vous me poserez le plat de la main sur le front ; et ce sommeil finira. »

Elle prit , dans le cours de celui-ci, deux verres d'eau. Elle me demanda de les verser, et dit , en les buvant, qu'elle trouvait à cette boisson un goût très-extraordinaire.

« Pourquoi m'avez-vous donné la préférence sur madame De... ? Vous êtes plus fort qu'elle ; et le mieux, en tout, mérite la préférence. — Pourrai-je vous faire plus de bien que celui qui vous a endormie le 5 de ce mois ? — Oui : et vous êtes plus prudent que lui. Il est cause du tremblement qui m'a quittée pendant ce sommeil, mais qui me reprendra au réveil, pour ne disparoître qu'au retour de mes règles. C'est un homme bien maladroit. Il est malsain. L'enfant dont il m'a parlé, tient de lui : il mourra ; comme je le lui ai dit. Je suis fâchée de m'être exprimée avec peu de ménagement. Je ne ferai pas de même aujourd'hui : mais j'avais été trop contrariée. — Quelle est la cause de votre tremblement ? — La suppression. Une nouvelle révolution m'en débarrassera. — Cela n'est donc pas dangereux ? — Non ; cela ne me donne aucune inquiétude à présent : mais éveillée, je m'en effraie; et j'en pleure. — Je vous rassurerai au réveil. — Je ne vous croirai pas : j'aurai cessé d'être confiante, parce que je ne me souviendrai pas de mon opinion actuelle. — Y aurait-il moyen de vous en faire souvenir ? — Non : cela serait dangereux. Je *prévois* que je dirai beaucoup de choses sur mon état, qu'il faudra me laisser ignorer. — Que faudra-t-il vous dire ? — Simplement ce que je me prescrirai pour ma poitrine, et me taire le reste. — Cela vous fatigue-t-il de parler ? — Non : je ne parle que parce que je le veux bien. »

Pauline dormait depuis quelque tems, lorsqu'elle nous offrit la première preuve sensible de la circulation du *fluide*, et de la forte activité qu'elle portait à la partie malade. Elle eut une *crise* manifestée par des douleurs dans les bras, qu'elle étendit, et qui se roidirent. Elle me demanda de lui passer plusieurs fois les mains depuis les épaules jusqu'au bout des doigts. Cette *crise* dura quelques minutes, et fut suivie, à différens intervalles, de quelques autres très-légères.

On peut remarquer ici qu'une *crise* est l'effet de l'action vive du *fluide* sur la partie malade, qu'elle est indiquée par la douleur, et que les nerfs en sont agacés : de là les roidissemens des membres. Ils sont quelquefois si violens, qu'ils deviendraient convulsifs et dangereux, si on quittait le malade, et si on ne redoublait pas d'activité et de soins pour le pénétrer d'une plus grande quantité de fluide, et en accélérer la circulation. C'était faute de ces soins, que les malades abandonnés à leurs crises, offraient, auprès des baquets, un spectacle ridicule et indécent.

Un domestique entra pendant ce sommeil. La malade ne l'entendit ni marcher, ni parler; et elle entendait les dames placées devant elle.

« Pourquoi cette différence? — J'aime ces dames : je les sers, et je les touche. Je n'aime pas le laquais : son caractère ne me convient pas. Je vois qu'il me ferait mal s'il était touché par moi, ou par vous. »

Cet homme, appelé un quart d'heure après, vint auprès de *Pauline*, en tenant d'une main un verre de cristal, et de l'autre une clé. Il frappa avec la clé sur le verre, le plus près possible des oreilles de la *somnambule*, qui ne donna aucun signe de mouvement. Cette expérience fut répétée plusieurs fois. Nous prîmes et fîmes prendre à *Pauline* des précautions pour ne pas toucher cet homme, et se mettre en rapport avec lui. Lorsque nous fûmes tous bien certains que la malade n'avait pas entendu le bruit éclatant du verre, je le touchai, et elle l'entendit. Elle nous dit que cet effet aurait été produit de même, si une des personnes présentes eût touché le verre.

A 6 h. $\frac{3}{4}$, elle me dit de l'éveiller. Je lui posai la main sur le front : ses yeux s'ouvrirent. Je m'empressai de lui dire quelle était sa confiance dans le *somnambulisme.* Mais, soins inutiles ! Elle m'écouta avec humeur, eut honte d'avoir été dans cet état, et s'échappa pour aller pleurer dans sa chambre.

Elle se prescrivit, avant son réveil, l'usage de quelques verres d'eau, le matin.

IIIᵉ. SOMMEIL.

16 août après midi.

Depuis le 12, *Pauline*, affligée d'avoir cédé au sommeil, ne voulait plus se donner en ridicule. Le tremblement qui était revenu au réveil, ne lui permettait pas de prendre de la confiance.

Je la rassurai par l'espoir de produire les mêmes
effets que le 12, puisqu'ils étaient indépendans
de sa volonté. Malgré la peur que je lui inspi-
rais, elle se plaignit d'un engourdissement dans
les jambes, d'une pesanteur sur les paupières.
Celles-ci se fermèrent : un léger frémissement
de tout le corps, et sensible dans les bras, annonça le sommeil.

Il était 5 h. $\frac{1}{4}$.

Après un quart d'heure de silence, elle
parla.

« Je serais bien peinée d'être vue dans cet
état par des personnes qui me seraient étrangères, et je suis tourmentée de voir qu'éveillée
j'aurai peu de confiance dans des moyens que
j'approuve dans ce moment. »

Après quelques momens de silence....

« Je m'éveillerai à 7 h. $\frac{1}{4}$. Sans une *crise* légère que je prévois, ce sommeil se terminerait
à 6 h. $\frac{1}{2}$. Vos soins me sont bien nécessaires. —
Si je vous abandonnais.... — Je périrais. —
Un autre vous ferait le même bien. — Je m'en
tiens à vous. — Quand serez-vous guérie, et
n'aurez-vous plus besoin de moi ? — Il me faut
encore dix sommeils. — Que se passe-t-il au-
dedans de vous ? — Je ne le *vois* pas très-clai-

rement; mais cela viendra dans les sommeils
suivans. Je *prévois* aujourd'hui le retour de
mes règles, au quatre du mois prochain. —
A quelle heure ? — Je ne le *vois* pas encore :
mais j'observe, ce que je n'avais jamais remarqué, que je les ai quatorze fois par an. —
Pourquoi cela ? — Je ne le *vois* pas.

Silence d'une demie heure.....

« Vous avez, monsieur, besoin de prendre
quelque chose. — Pourquoi ? — Vous êtes
moins fort qu'en arrivant ici. Mangez deux
échaudés, et buvez un verre de vin de Malaga :
celui qui est ici est très-bon. — D'où vient la
préférence pour ce vin ? — Quand il est bien
choisi, c'est celui qui convient le mieux à l'estomac. L'usage en est bon après avoir dîné,
quand il n'est pas suivi de celui des liqueurs,
qui sont pernicieuses. — Pourquoi m'avez-vous
engagé à prendre quelque chose ? — Vous avez
peu dîné, en parlant beaucoup de moi à une
personne qui, même en me voyant, ne croi-
rait rien. N'essayez plus de la convaincre. —
Quel régime vous prescrirez-vous ? — Le même :
de l'eau fraîche, le matin. Je *verrai*, par la
suite, ce qu'il faudra y ajouter. »

Avant 7 h. $\frac{1}{4}$, elle me dit qu'il fallait, pour

l'éveiller, lui mettre la main gauche dans une assiette d'eau fraîche.

A 7 h. $\frac{1}{4}$, je le fis : ses yeux s'ouvrirent.

Nos efforts pour la rendre aussi confiante qu'elle l'était dans le sommeil, furent inutiles. Eveillée, ou endormie, c'était deux personnes différentes. Elle pleurait de ne pouvoir résister à mon impression, qui lui faisait, disait-elle, perdre connaissance des heures entières.

IVe. SOMMEIL.

18 août, après midi.

Lorsque j'abordais *Pauline*, le feu lui montait au visage. Elle craignait ma présence : ses jambes s'engourdissaient. Obligée de s'asseoir, elle s'endormait avant d'avoir été touchée. Assis près d'elle, je posai une main à son dos, l'autre sur ses genoux. Elle porta celle-ci sur sa poitrine.

Gêné dans cette attitude, je lui demandai, au commencement de ce sommeil, si je ne pouvais pas me borner à mettre une main sur son épaule. — Ce que j'ai exigé vaut mieux. La *chaleur* arrive plus promptement à ma poitrine. Je *vois* qu'il convient que je ne sois

pas vêtue d'une étoffe de soie. Il faut m'en
avertir. — Pourquoi ce changement ? — Je ne
puis encore en bien *voir* la raison. — A quelle
heure vous êtes-vous endormie ? — A 5 heures.
— Quand faudra-t-il vous éveiller ? — A 7 h.
— Que sentez-vous, dans ce moment ? — Une
chaleur abondante qui me fait du bien, et
met ma poitrine à l'aise. — Ne me faites plus
parler : il faut que je *voie*. » .

Demi-heure de silence.....

« Chaque sommeil m'éclairera sur mon état.
Il faut cesser l'usage de l'eau fraîche, et y
substituer le lait d'amandes. Je déteste cette
boisson : mais, dès demain, il faut me forcer
à la prendre. — Ferez-vous usage de beaucoup
de remèdes ? — Je ne le crois pas. — Le plus
fort pour moi est la *chaleur* que j'éprouve. Je
verrai mieux par la suite. »

La malade fut si calme, que la conversation
put devenir générale. Elle y prit part, sans en
être fatiguée.

Le tremblement disparaissait dans le sommeil ; et, en reparaissant au réveil, il était
moins violent. Aujourd'hui, elle ne le res-
sentit qu'une heure après le sommeil terminé.

V^e. SOMMEIL.

19 août, 5 heures après midi.

La malade s'endormit à 5 h., et indiqua pour 7 son réveil, qui, comme le précédent, se termina lorsqu'elle mit sa main dans une assiette où elle avait fait mettre un peu d'eau.

Elle demanda, pour le jour suivant, un lait d'amandes, et l'usage habituel de l'orgeat, dont elle a voulu boire un verre pendant ce sommeil.

VIe. SOMMEIL.

21 août, après midi.

Pauline s'endormit à 5 h. $\frac{1}{4}$.

Elle garda un assez long silence. Son visage annonçait la sérénité. A ce calme succéda de l'agitation. La tristesse se peignit dans tous ses mouvemens. Enfin, elle pleura. Personne n'avait encore parlé. Je ne voulus pas l'interroger : elle parla la première.

« Il faut que je sois seule avec vous, pour vous dire la cause de ma peine. Je prie ces dames de passer dans le salon. Donnez-moi une pelote de fil. »

Après avoir doublé de ce fil ce qu'il en fallait pour faire un petit cordon de quelques pouces de long, et gros comme une aiguille à tapisserie, elle continua.

« Il y a là, sur la superficie du poumon, une espèce de petite *gaîne* de cette grosseur et de cette longueur, qui s'emplira de l'humeur qui m'a échauffé la poitrine. La *chaleur* que vous me donnez, fait fermenter cette humeur, qui passe dans cette *gaîne*, comparable à la cloche d'une brûlure. La fermentation aura lieu jusqu'à ce que le poumon soit débarrassé de l'humeur. Alors celle-ci, devenue très-fluide, sera reprise par le poumon, et évacuée sans effort par la bouche. Je vois plus clairement mon état. En comptant ce sommeil, il m'en faut encore dix-huit. Faute des moyens employés pour moi, je tomberais malade le 10 octobre prochain ; et le 15, le dépôt de cette humeur devenu gros comme un œuf, se créverait. N'ayant pu le rendre par la bouche, j'en serais étouffée et empoisonnée. Le motif de mes larmes est le projet que vous avez de faire un voyage le 6 du mois prochain, tems auquel vous avez fixé la fin de mes sommeils, d'après le premier nombre que j'en ai de-

mandé. Votre absence me ferait bien du mal;
jamais, étant éveillée, je ne consentirais à
être mise dans cet état par une autre personne.
Cette répugnance serait invincible. Elle in-
quiéterait ma maîtresse, qui m'aime beaucoup.
J'ai voulu, en la priant de se retirer, qu'elle
ne fût pas témoin de mes alarmes. »

De ce moment, je renonçai à faire une
absence que j'avais réellement projetée, et *dont
personne n'était instruit.*

On peut ici prendre une idée de l'assujétissement qu'exige le *somnambulisme.*

J'assurai *Pauline* de mon dévoûment, quel
que dût être le terme de son état actuel.

Le sentiment de reconnaissance succéda à
celui de l'inquiétude. La *somnambule* fit rappeler sa maîtresse et les deux autres dames
qui suivaient le cours de ces expériences. Elle
m'engagea à leur rendre compte de ce qui
venait de se passer.

Ensuite, revenant au sujet de son entretien
particulier avec moi, elle ajouta (parlant à
sa maîtresse):

« Je vous ai montré hier une rougeur qui
m'est venue sur un côté du sein. Je ne savais
ce que c'était. Je suis mieux instruite à pré-

sent. J'ai la même chose sur un des côtés du poumon. L'un est la cause de l'autre. »

Chacun, dans cette maison, s'était alarmé sur les suites du tremblement et de la suppression, dont l'empressement à faire une *somnambule* avait été cause ; mais assez de choses extraordinaires s'étaient déjà passées, pour inspirer de la confiance dans la régularité des *sommeils ;* et on se livra à l'espérance de la cure d'une maladie qui était annoncée comme devant, sans le *somnambulisme*, être funeste à une époque très-prochaine.

Rendus tous au calme, *Pauline* nous dit, après un quart-d'heure de silence :

« Je *vois* que le 9 octobre, j'aurais été d'une gaîté folle ; que le 10 je me serais mise au lit ; que le 11, toutes mes dents auraient été noires ; que l'inflammation de la poitrine ne m'aurait pas permis de parler ; et que je serais morte le 15.

(Nous reviendrons sur ces *vues* et sur ces époques.)

» Mais je suis bien tranquille. Je guérirai moyennant les mêmes soins. J'ai la certitude qu'ils me seront donnés. »

Je ne pus attendre plus long-tems une explication sur la connaissance d'un voyage, *dont personne ne savait le projet.*

« Comment, lui dis-je, savez-vous que je devais être absent ? — Je *vois* en vous tout ce qui peut intéresser mon état, et d'autres choses, dont je pourrai vous parler dans la suite. Mon attention pourra se porter sur beaucoup d'objets : quant à présent, je la donne toute entière à ma santé. — D'autres personnes vous endormiraient-elles avec autant d'avantage pour vous ? — Je ne le *vois* pas. J'éprouve que vous me faites autant de *bien* que j'en désire pour ma santé, parce qu'*il y a en vous ce qu'il me convient d'avoir.* — Cela ne peut-il pas s'appeler *rapport ?* — Oui. — Cela suffit-il ? — Non. Pour le plus grand bien, il faut que le cœur soit bon. Vous êtes humain ; ma position vous a touché. — La volonté dans le malade n'est donc pas nécessaire au *somnambulisme ?* — Vous le voyez par ma répugnance. Je ne vous vois pas approcher sans le plus ferme dessein de vous résister : le premier sentiment, au réveil, est la honte de vous avoir cédé. Je *vois* à présent que j'aurai un peu moins de répugnance, et elle disparaîtra avec le tremblement, qui est déjà beaucoup diminué. — Y a-t-il une méthode plus sûre que celle que je suis, pour produire vos *sommeils*? — Non: que le malade soit touché par celui qui peut le mettre en cet état, que l'un soit près de l'autre, la nature fait le reste. Voilà ce que je puis dire dans ce moment.... Mais ne me faites plus de questions, elles me fatiguent; je vous en dirai davantage quand je le pourrai. — Qu'allez-vous donc faire? — Je vais me *voir*. Il faut m'éveiller à l'heure indiquée: ce que je fis à 7 heures $\frac{1}{2}$.

VIIe. SOMMEIL.

22 août, après midi.

Pauline me vit arriver avec moins de déplaisir. Je vais, me dit-elle en riant, faire l'impossible pour empêcher mes yeux de se fermer. Je ne conçois pas la possibilité de faire dormir les gens qui n'en ont point envie.

Cependant, je n'eus pas besoin de la toucher. Le léger frémissement de tout le corps, et surtout des bras, annoncèrent le *sommeil*. Alors je la fis asseoir, et je plaçai une main à son dos, et l'autre sur sa poitrine.

Il était 4 heures 5 minutes.

Après

Après une demi-heure de silence, elle le rompit.

« Je *vois* mieux encore aujourd'hui. Je n'ai aucune crainte sur mon état. Chaque *sommeil* m'assure guérison. Il faut me recommander l'exercice : j'en fais trop peu. Les laits d'amandes et l'orgeat me font du bien; je les continuerai. »

Ne voulant pas lui suggérer de texte de conversation, je lui laissai rendre l'entretien général.

Elle demanda deux verres d'orgeat.

Je *vois*, nous dit-elle, beaucoup de choses : mais j'y penserai davantage, afin d'en mieux parler.

A l'heure dite, elle fut éveillée, la main dans une assiette d'eau fraîche.

VIIIe. SOMMEIL.

23 août, au matin.

Ce sommeil, commencé à 11 heures, a duré jusqu'à deux. Les premiers momens en ont été agités. La malade a éprouvé plusieurs *crises* dont la sensibilité s'est manifestée par des tiraillemens de nerfs dans les bras.

9

Voici ses observations sur son état.

« Je *vois* plus clairement l'effet de la fermentation de l'humeur. La *gaîne* du dépôt est déjà grosse comme une ficelle. L'extrémité gauche est plus chargée : elle est la plus basse. Mon sang est bien échauffé : il se rafraîchira ; déjà il n'est plus si noir. Les couleurs de mon visage ne sont plus si vives. Je voudrais bien être, entre mes sommeils, ce que je suis pendant leur durée. Je me reproche mon incrédulité, lorsque Madame me dit tout ce qu'elle peut me dire.... Je *vois* que ni vous ni elle, vous ne me dites pas tout : mais vous avez raison ; je m'inquiéterais beaucoup. »

IXe. SOMMEIL.

25 août, au matin.

Ce sommeil, commencé à 10 heures, a fini à deux heures après midi. La malade a eu trois crises, dont deux assez fortes. Elles ont été calmées en lui passant les mains sur les bras.

Elle nous fit, sur la cause de ses maux, les observations suivantes.

« Il y a trois ans qu'un chirurgien, en province, me conseilla de prendre des bains, pour

des coliques. Je vois la cause de mes maux,
qu'il ne vit pas. Voici leur origine. A la suite
d'un orage, les eaux d'un ravin entraînaient
un enfant. J'entrai dans l'eau jusqu'aux genoux,
et le sauvai. La joie de le rendre à sa mère
ne m'avait pas permis de réfléchir sur ma santé.
Mes règles furent supprimées, et pour long-
tems. Chaque époque me faisait souffrir inutilement. Ma poitrine, déjà délicate, en a été
victime. Je commençai à tousser, surtout au
retour des hivers. Le dernier, que nous avons
passé à Paris, m'a plus fatiguée que les précédens : j'en ai été inquiète. Une de mes amies,
qui se loue des soins du docteur *Missa*, m'a
engagée à le consulter, cet été. Les chaleurs
l'ont fait différer les remèdes, qu'il me pres-
crira dans l'automne. Je suis heureuse de n'a-
voir pas couru les hasards de la médecine,
souvent dangereux si elle ne connaît pas la
cause des maux qu'elle traite. C'est de cela dont
je m'occupais dans les derniers sommeils. Eveillée, je ne me souviens que de mes coliques;
mais j'en ignore l'origine. Par la suite, mes
règles sont revenues, et la poitrine était malade. Il faut me recommander de ne pas revoir
M. *Missa*.

Avant de demander son réveil, *Pauline* retrancha de son régime les laits d'amandes, comme trop rafraîchissans dans ce moment. Elle insista sur l'usage d'un orgeat léger.

X^e. SOMMEIL.

26 août, après midi.

Ce sommeil a duré trois heures et demie. Les précédens commençaient et finissaient, la malade étant assise sur une bergère, où elle se plaçait avec répugnance.

Toutes les *crises* ne s'étaient manifestées que dans les bras, et par leur extension. Leur durée était bornée à quelques minutes.

Aujourd'hui, le sommeil commença avec un peu d'agitation. Lorsque le calme lui eût succédé, la malade annonça qu'elle aurait quatre *crises* violentes.

Je ne crus pas prudent de la laisser les éprouver sur la bergère, où elle aurait pu se blesser. Elle consentit à passer sur un lit de repos, où, commodément étendue, elle pourrait se mouvoir sans crainte; mais elle exigea qu'avant chaque réveil, elle fût remise sur la bergère, parce que cette attitude de malade sur un lit, lui donnerait de l'inquiétude en l'effrayant.

A peine y fut-elle placée, qu'arriva la première des quatre *crises* prévues. Cette *crise* fut violente, et dura un quart d'heure. Cette durée est bien longue, lorsqu'il faut garantir des chocs une femme en convulsions, qui déploie, dans cet état, des forces peu ordinaires à son sexe. *Pauline* souffrit au point de verser des larmes, mais sans inquiétude : l'espérance la soutenait.

« Ne me quittez pas, disait-elle ; touchez-moi sans cesse. Plus vous me donnerez de *chaleur*, plus la crise me sera avantageuse. Mais elle durera un quart d'heure : elle eût été plus longue sur la bergère. Vous avez bien fait de me faire mettre sur ce lit de repos : j'en veux faire usage dans les autres sommeils. »

Les trois dames, qui ne nous quittaient jamais, me furent très-utiles à calmer cette violente agitation.

Les *crises* suivantes furent pareilles à la première : elles exigèrent les mêmes soins.

Un quart d'heure avant le réveil, la malade se replaça sur la bergère.

Elle fut éveillée, à sa demande, en lui mettant la main dans une assiette d'eau froide.

Elle avait prescrit, pour le lendemain matin, un looch ordinaire, auquel on ajouterait une demi-once de syrop de violettes.

XIe. SOMMEIL.

28 août, après midi.

J'appris, en arrivant, que *Pauline*, depuis son dernier *sommeil*, se plaignait des douleurs d'une courbature générale. On ne lui en avait pas dit la cause, qui lui aurait appris qu'elle avait des convulsions dans le *somnambulisme*. Cependant elle n'en accusait pas moins cet état de tous ses maux. Je la trouvai baignée de larmes, mais vêtue et coiffée très-simplement pour être plus libre dans ses mouvemens. On lui avait dit qu'elle avait elle-même demandé qu'on lui accordât la permission d'être plus à son aise.

Sa toilette nous avait beaucoup gênés dans les crises.

« Expliquez-moi donc, me dit-elle, comment il est possible de faire dormir les gens malgré eux. Je suis bien malheureuse d'être mise, sans pouvoir m'en défendre, dans un état qui me rendrait un objet de dérision pour tous ceux qui m'y verraient. »

Rassurez-vous, lui dis-je, votre sensibilité vous rend susceptible du *somnambulisme*. Il doit vous suffire de savoir qu'en dormant, vous y avez la plus grande confiance. Nous ne faisons qu'exécuter vos ordres.

Elle venait de s'asseoir sur la bergère. Assis en face, je m'approchai d'elle, et elle s'endormit.

Il ne m'a jamais été nécessaire de la toucher, pour provoquer les *sommeils* qui suivirent le premier.

Elle tarda peu à annoncer quatre *crises*, qu'elle eut au moment prévu. La première fut forte : les deux suivantes médiocres. La dernière lui fit étendre les bras deux ou trois fois.

Avant la première, elle avait demandé le lit de repos, et s'y était placée.

Après quelque tems de calme et de silence, la gaîté anima sa figure : elle nous dit : « Je suis un très-bon médecin. Le looch m'a bien fait. Sans lui les *crises* que je viens d'avoir auraient été violentes. Le syrop de violettes est bon pour calmer.

« Que pensez-vous, lui dis-je, du *sommeil*

de demain ? — Il sera très-calme. Le dépôt
sera à son degré d'accroissement. La matière
dont il est formé a plus de poids que celui
qu'il aura, lorsqu'une entière fermentation
l'aura rendue plus légère. Par cette raison, la
gaîne où elle est contenue, paraît descendre
ou pendre plus bas; mais remontera. Son mouvement me donnera une *crise* violente. Je *verrai* mieux demain, et je vous parlerai avec
plus d'assurance. Je continuerai l'usage du
looch et de l'orgeat. N'ayant plus rien à vous
dire de moi, je peux parler de beaucoup de
choses. » (Nous la laissâmes libre du choix.)
« C'est, nous dit-elle, après quelques momens
de silence, une belle découverte que celle à
laquelle je devrai la vie. »

Ce fut alors qu'elle régla mes idées sur cette
matière, et qu'elle me fit faire une espèce de
cours, dont les principes sont indiqués dans
ces *Essais*. Nous le continuâmes dans les *sommeils* suivans, lorsque le calme le lui permettait. Mais elle est toujours revenue d'elle-
même sur ce sujet.

Sa maîtresse, étonnée de tous les mouvemens qu'elle faisait avec justesse pour
prendre, à droite ou à gauche, ce dont elle

avait besoin, lui dit : « Vous agissez comme si vous aviez les yeux ouverts. Sortiriez-vous de ma chambre, et trouveriez-vous la porte ? »

» Oui, répondit-elle ; j'irais même dans toute la maison ; mais il faudrait que monsieur ne s'éloignât pas de moi. Je monterais même à cheval, où je me tiens assez bien, comme vous l'avez vu lorsque je vous suivais dans nos montagnes, où ne passent pas les voitures : mais il faudrait que monsieur tînt la bride ou la queue du cheval. — Je serais moins fatigué en croupe, lui dis-je. — Oui ; ou monté sur un autre cheval, et tenant la bride du mien. Mais, dans ce moment, cet exercice me serait nuisible. Les secousses du cheval arracheraient le dépôt, dont l'enveloppe n'est suspendue que par les deux bouts, comme par des fils. »

Elle témoigna le désir de s'occuper de sa maîtresse, qui avait eu un catarrhe, au printems précédent. Elle lui prit la main, et quelque tems après elle lui dit :

« Vous transpirez beaucoup de la tête : cela est fort salutaire. Ces transpirations sont la suite du lait, qui, il y a treize ans, a tari à la mort de votre mari, lorsque vous nourrissiez mademoiselle. Tout ce que l'on a fait pour le faire passer n'a point eu de succès. Votre dernier catarrhe a eu pour cause ce lait. Il faut vous garantir des coups d'air et du frais ; et ne vous coiffer que d'un grand bonnet jusqu'à la fin de ces sueurs de la tête. Il faut quitter les bains; ils vous affaiblissent, et diminuent le mouvement du sang, qui doit chasser cette humeur par la peau. Si le médecin avait vu comme je vois, vous auriez suivi un régime. — Donnez-m'en un. — Volontiers. Il faut me dire, à mon réveil, de vous préparer demain une fumigation. On prendra une poignée de poirée et autant de feuilles de mauve, que l'on fera bouillir dans assez d'eau pour la moitié d'une cuvette. Après une demi-heure que cette décoction aura été sur le feu, on la passera à travers un linge, et on y mettra une forte pincée de sel de nitre. Vous poserez vos pieds sur deux bâtons placés en travers sur la cuvette. Vos jambes seront entourées de serviettes pour retenir la vapeur. Lorsque l'eau sera au degré de la chaleur du corps, vous descendrez vos pieds dans la cuvette. Les alimens maigres vous sont contraires. Il faut un régime fortifiant pour rétablir votre estomac fatigué par ce lait. Votre guérison est sûre ; je *verrai* encore dans mes autres *sommeils.* »

XIIe. S o m m e i l.

29 août, après midi.

Ce sommeil commencé à 4 heures 5 minutes a fini à 6 heures ½. La *somnambule* avait annoncé quatre *crises*. La première a été médiocrement sensible à l'extérieur. Les autres ne l'ont été que par un mouvement intérieur dont avertissait la malade. Elle en a attribué la cause à la gaîté de la conversation ; et elle a remarqué que le contentement et la joie contribuaient à la santé.

On pourra faire, comme je les fis alors, des observations importantes sur le mouvement plus ou moins accéléré du *fluide*, et sur les variétés de *sa modification*.

Une seule, dont je vais parler, donnera lieu à beaucoup d'autres que feront ceux qui renouvelleront les expériences que j'ai faites.

Pauline absorbait, dans ses *crises*, une plus grande quantité de *fluide* relativement à l'état de calme qui les précédait. A l'approche de chacune d'elles, surtout si elles devaient être fortes, je pouvais les annoncer comme prêtes à se manifester ; et dire aussitôt qu'elle : *la voilà*. J'étais donc averti par une sensation qui croissait avant, et se dégradait après la *crise*. De plus, je m'apercevais, dès qu'elle était endormie, que ma transpiration s'augmentait par degrés. Pendant une forte *crise*, cette transpiration s'élevait au degré le plus sensible. La sueur des mains, du corps et de la tête, surtout, était plus abondante. C'était dans cette disposition que j'ai constamment éprouvé qu'en éloignant la main à quelques pouces du corps de la *somnambule*, je sentais l'émanation du *fluide* transmis, comme si des fils de soie sortaient de l'espèce de pointe que formait le bout de mes doigts réunis. Alors *Pauline* observait que le *fluide* faisait aigrette en arrivant à elle. Ce phénomène cessait si je lui présentais le plat de la main : mais dans ce cas, disait-elle, la chaleur n'en venait pas moins jusqu'à elle.

Cette transmission de *chaleur* était sensible après le réveil. J'avais éprouvé qu'en restant auprès d'elle pour lui dire ce qu'elle avait prescrit, l'engourdissement tardait à la quitter, et ma présence pouvait lui procurer un nouveau sommeil. Pour l'éviter, je la quittais, en laissant à sa maîtresse le soin de lui dire ce qu'elle avait ordonné. Ce fut à l'occasion de cette susceptibilité qu'elle assura que, quoique guérie, elle s'endormirait si je la touchais dans le tems de ses règles, ainsi qu'il le pourrait arriver à beaucoup de femmes, si la force de l'analogie à leur égard était pareille à celle dont elle ressentait les effets.

Je dois citer une preuve singulière de ce rapport avec cette malade.

Un jour que je ne devais pas l'endormir, et ne pas la voir, j'entrai chez le portier, pour lui demander quelque chose, et je disparus après sa réponse. Le lendemain, jour de *sommeil*, sa maîtresse me dit à mon arrivée : « Hier : votre malade est entrée chez moi, croyant vous y trouver ; et fort étonnée de ne pas vous y voir, elle me témoigna sa surprise, parce qu'elle avait *senti* votre arrivée, comme elle la *sent* toutes les fois que vous venez. Elle est descendue chez le portier, qui lui a dit qu'en effet vous étiez entré chez lui. »

Lorsque le calme succédait aux agitations des *crises*, il n'était pas besoin de l'inviter à réfléchir sur son état. Elle s'en occupait sans distractions.

Après un quart-d'heure de silence, elle nous dit :

« Il faut cesser l'usage du looch, qui m'a fait tant de bien; mais qui n'est plus nécessaire à l'activité de la fermentation de l'humeur. L'extrémité inférieure de la gaîne du dépôt est grosse comme mon petit doigt. »

J'ai dit qu'une dame qui demeurait dans la maison, comme amie, était le quatrième témoin habituel, en me comptant, de tous les *sommeils.* Cette dame dit à la malade : « Très-surprise des merveilles que j'admire sans les comprendre, parce que je ne dispute pas contre l'évidence, ne pourrais-je pas vous parler de choses qui me sont personnelles; mais je voudrais n'être entendue que de vous. » Je *vois*, lui répondit *Pauline*, quand monsieur est près de moi : je ne *verrais* pas si bien s'il en était éloigné. » Cette proposition se tourna en plaisanterie. Je proposai de me boucher les oreilles. La curieuse n'admit pas cet expédient. Lorsqu'elle fut éloignée, la *somnambule* me dit : « Je connais ce dont elle veut me parler ; je ne veux pas me mêler des affaires de son cœur. » Elle termina l'entretien en disant : laissez-moi *voir* ce qui m'intéresse.

Elle annonça quatre *crises* pour le *sommeil*

suivant. La première devant être très-forte,
elle recommanda de la faire mettre sur le lit
de repos aussitôt qu'elle aura été endormie
sur la bergère.

Les ménagemens pour sa santé lui paraissent
indispensables *pendant tout le mois d'octobre.*

XIIIe. SOMMEIL.

30 août, après midi.

Ce *sommeil* a commencé à 4 heures, et il
a fini à 7 heures $\frac{1}{4}$.

Prévenu que la première des quatre *crises*
devait être forte, et ayant éprouvé que la
gaîté pouvait quelquefois en affaiblir l'agitation, je mis la conversation sur le ton de
l'enjoûment. Cette précaution ne fut pas vaine.
La *crise* fut médiocrement forte. Les trois
autres ne furent sensibles que par une abondante transpiration de tout le corps de la
malade.

Je lui demandai si un des incrédules qui
nient les effets du *somnambulisme*, les éprouvait lui-même, changerait son opinion. « Non,
me répondit-elle : jugez-en par moi-même.
Lorsque je suis éveillée, ma foi ne diffère

guère de celle d'un incrédule. Je me laisse endormir par complaisance, et parce que l'on me répète que cela me fera du bien : mais je vous avoue que si je ne devais pas à madame tout attachement pour l'amitié qu'elle a pour moi , j'aurais quitté la maison pour fuir tous ces *sommeils* auxquels je ne comprends rien après le réveil.

XIVᵉ. SOMMEIL.

31 août, au matin.

Il commença à dix heures $\frac{1}{2}$, et finit à 2 heures $\frac{1}{2}$.

Trois *crises* annoncées se passèrent en causant, et sans douleurs.

Pauline continue l'usage de l'orgeat. Elle insiste sur la nécessité d'en prendre. Son état lui inspire la plus grande sécurité.

« Je vois, dit-elle, que la *gaîne* ou enveloppe du dépôt, ne descend plus si bas. Cette humeur va bientôt devenir plus claire encore, et n'avoir pas tant de pesanteur.

Elle demanda à déjeûner, et parut désirer du pain et des poires. Elle choisit les plus mûres, en les touchant seulement, sans paraître

chercher

chercher à distinguer les meilleures. On lui proposa à boire. « Non, dit-elle, les fruits fondans ont assez d'eau qui est très-bonne. Cette qualité s'affaiblit si l'on boit. »

J'avais tenu un moment dans ma main une poire prise sur l'assiette que l'on avait servie. Je lui présentai ce fruit, en la priant de le manger. « Cette poire, me dit-elle, a un goût de feu ou de soufre, qui me rappelle l'eau que je buvais dans mes premiers *sommeils*, et dans laquelle vous aviez mis le doigt. »

Le calme qui suivit le déjeûner me permit de vérifier si elle persistait dans les observations qu'elle m'avait faites dans les *sommeils* précédens. Elle n'a jamais varié. Sa mémoire lui rappelait tout. « Vous verrez, me dit-elle, si elle est bonne, lorsque vous me lirez les notes que vous faites chaque jour. Tout m'est présent. Mais le plaisir que cela me fait n'empêche pas que je ne sois très-fâchée de ne me souvenir de rien étant éveillée. Je serais alors moins peinée d'être assujétie à une chose qui me paraît ridicule. Au reste, je vois bien qu'il ne faut pas se souvenir de tout ce qu'on dit. Je serais très-tourmentée de connaître que

10

j'ai prévu que le mois d'octobre devait m'être funeste. »

Je renouvelai l'expérience dont j'ai parlé plus haut. Au lieu de lui présenter ma main un peu écartée de son corps, et les doigts réunis, je la dirigeai au creux de son estomac. C'est elle-même qu'il faut entendre.

« Je *vois* sortir de votre main comme du feu, mêlé d'une fumée blanchâtre. Ce feu est de plusieurs nuances ; blanches, rouges, aurores et vertes. Il se partage en petits fils très-fins, qui viennent à moi. Ils ont un autre mouvement quand vous remuez la main. Il n'y a plus de fumée, lorsque vous ne la remuez pas. Cela ressemble aux petits rayons qui sortent des yeux un peu fermés, quand on regarde vers le soleil. »

Elle observa la même chose, mais en petit, lorsque, les autres doigts étant pliés, je ne lui en présentais qu'un, qui lui paraissait être la tige d'une aigrette, qui, avec chacune de celles des autres doigts étendus vers elle, faisait un seul faisceau plus considérable.

Si je lui présentais la tête, elle voyait à peu près le même phénomène, et avec cette différence que les rayons se croisaient et tourbillonnaient avant de se redresser, pour prendre leur direction sur elle.

Si je lui présentais le poignet courbé, elle voyait les rayons roulés sur eux-mêmes en pelotte, et mêlés à de la fumée.

Si je la touchais du plat de la main, elle sentait la *chaleur* sans la voir, faute d'un intervalle : mais, dans tous les cas, la *chaleur* arrivait à sa poitrine.

Une scène de sensibilité succéda aux observations faites pendant ce sommeil.

Pauline, très-convaincue de l'efficacité du moyen qui lui rendait la vie, et me confondant avec la nature à laquelle elle en devait l'emploi et l'efficacité, voulut me donner une preuve de sa reconnaissance.

« J'ai, me dit-elle, de grandes grâces à rendre à la nature : mais je n'oublierai jamais tout ce que je vous dois, pour l'avoir secondée avec autant de courage et de patience. Donnez-moi quelque chose que je puisse toujours porter. Je ne verrai jamais, sans une extrême sensibilité, ce qui me rappellera le bienfait. Je veux, et je dois penser toujours à vous. »

Je lui promis de faire, après sa guérison, ce qu'elle désirait.

XVe. Sᴏᴍᴍᴇɪʟ.

1er. septembre, après midi.

Ce sommeil est une preuve que des événemens que l'on ne peut ni prévoir ni empêcher,
ont une fàcheuse influence sur les *somnambules*.

La nôtre s'était endormie à 4 heures. Sa
gaîté nous était un témoignage du bien-être
qu'elle éprouvait. Mais ce calme ne dura qu'une
heure et demie.

Je n'avais pour témoin de cette séance que
la dame curieuse dont j'ai parlé précédemment.
Les deux autres, obligées de sortir, nous avaient
quittés, pour la première fois.

Notre seule assistante s'était retirée dans un
coin de la chambre, et y écrivait.

Pauline me dit avec effroi : « Madame De✳✳✳
s'afflige et pleure en écrivant sur des souve-
nirs douloureux. Cela me fait mal, et me tour-
mente. »

Je voulus éloigner l'affligée : je la priai de
nous laisser, ou de commander à sa sensibilité,
qui faisait mal à *Pauline*.....

« Non, me dit celle-ci ; le mal est fait.... »

Et , sur-le-champ , deux crises successives et
très-violentes indiquèrent un bouleversement
général , qui me donna de vives inquiétudes.
Cet état violent dura deux heures. Personne ne
partageait plus mes soins et mes peines : la dame
était sortie désespérée de cet accident. Ne me
quittez pas , disait *Pauline* : jamais je n'ai eu
plus besoin de vous. Elle me fit prendre plusieurs fois du vin de Malaga. Ses plaintes avaient
un accent qui me déchirait.

Avec quelle impatience n'attendis-je pas le
retour d'un peu de tranquillité ! Elle arriva
enfin : mes forces étaient épuisées ; ainsi que
celles de la malade. Un assoupissement d'un
quart d'heure lui rendit assez de calme pour
pouvoir parler des effets de cette cruelle agitation.

« Quel changement , dit - elle ! Que je suis
malheureuse ! J'avais bien affaire d'être la confidente de tracasseries qui me sont étrangères !
Madame De*** m'a fait le plus grand mal. La
couleur de l'humeur du dépôt n'est plus blan-
che , mais rouge comme elle était avant. Elle
n'a plus de *chaleur* , et ne *circule* pas. (Elle
indiquait , par cette expression , un mouvement
de fermentation et de coction.) Son poids me

fatigue. Les suites de cet accident sont bien graves. Ma guérison est retardée. Il faut prolonger ce sommeil jusqu'au moment où la *chaleur* aura tout ranimé. Je suis si troublée, que je ne peux pas bien *voir.* J'ai seulement la certitude d'une grande fatigue, qui suivra mon réveil. Recommandez-moi de boire souvent, et de me coucher la tête haute, pour éviter les étouffemens.

A neuf heures, elle me dit que la *chaleur* était revenue au dépôt.

Je lui proposai, pour en accélérer le mouvement, de lui donner, le lendemain, deux sommeils. Elle y consentit. « Il m'en faudra bien d'autres, ajouta-t-elle : je ne puis, aujourd'hui, en fixer le nombre. Celui-ci passé, il en fallait encore dix, sans cet accident. Je *verrai* cela demain. »

Sa maîtrese était rentrée à 9 heures, et elle avait été très-fâchée de la contrariété dont on lui rendit compte.

A 10 h. $\frac{1}{2}$ la malade fut replacée sur sa bergère, et réveillée.

Le grand air me remit promptement d'une fatigue extrême. J'avais besoin de repos : c'était la première fois que je le désirais, depuis trois semaines que nous avions commencé ce cours intéressant de *somnambulisme*.

X V I^e. S O M M E I L.

2 septembre, au matin.

Il commença à 10 h., et finit à 2 $\frac{1}{2}$.

La malade garda long-tems le silence, et bailla beaucoup. Après cela vint une toux sèche et fréquente, qui céda à l'usage prescrit par elle de la pâte de guimauve. « Cette toux, dit *Pauline*, aurait pu devenir dangereuse. Des secousses violentes feraient crever cette poche d'humeur. Pour les prévenir, je prendrai souvent de cette pâte. »

Trois *crises* violentes ont été indiquées. La malade a déjeûné après la première. Elle a remarqué que, sans cette précaution, les deux autres *crises* l'auraient plus tourmentée. Ses plaintes se sont renouvelées contre le bouleversement dont avait été cause madame De***, qui ne reparut plus aux sommeils.

« La circulation de l'humeur, observa *Pauline*, se ranime un peu ; mais elle ne sera complète qu'à la fin du sommeil de ce soir. J'ai eu cette nuit beaucoup de maux de cœur, et de nausées. Elles auraient été plus fortes, si je n'avais pas pris la précaution de me coucher la tête élevée. Ces accidens sont l'effet des secousses données au dépôt. Ce soir, l'humeur étant moins pesante et plus claire, j'aurai moins d'oppression. »

Une grande fatigue a encore succédé à ce sommeil.

Pour diminuer cette courbature, plus ou moins forte, et suite de chaque sommeil, je faisais prendre à la malade un verre d'orgeat, à son réveil.

XVIIe. SOMMEIL.

Même jour, 2 septembre, après midi.

Quel assujettissement, va-t-on dire, que celui qui demande plusieurs heures, et deux fois par jour !.... Mais aussi quelle jouissance! Il faut l'avoir eue pour la peindre.

Avant 5 heures, j'étais rendu à mon poste. *Pauline* fut endormie sur-le-champ, et me dit un quart d'heure après :

« Si nous avions tardé quelques momens, il eût fallu plus de tems pour remettre l'humeur en circulation. Heureusement la *chaleur* du dernier sommeil durait encore. L'activité totale sera plus prompte. »

Elle annonça deux *crises* bien violentes. La seconde dura vingt minutes, et se termina par un cri aigu.....Ah !, dit *Pauline*, je n'ai plus de craintes ; le dépôt est à sa première place.

La gaieté succéda à l'inquiétude.

A 9 h. ½ *Pauline* fut éveillée, et sentit moins de fatigue que ce matin.

XVIIIe. Sommeil.

3 septembre, au matin.

La maîtresse de *Pauline* me rendait un compte exact de ce qui pouvait se passer d'un sommeil à l'autre. Elle me dit, que pendant la nuit dernière, cette fille avait eu des transpirations abondantes.

Il était 11 heures, lorsque le sommeil commença.

Jamais nous ne parlions les premiers.

Le silence dura une demi-heure.

« La dernière *crise*, nous dit *Pauline*, a décidé la transpiration que j'ai eue cette nuit, ainsi que mes règles, qui seront avancées de vingt-quatre heures, et paraîtront pendant ce sommeil. J'aurai deux faibles *crises*, qui le seraient encore plus si l'écoulement les précédait. »

Quelque tems après, elle nous avertit que ses règles paraissaient; et elle ajouta :

« Je n'ai rien à craindre de cet événement, comme le mois passé. Je ne me ressentirai plus du tremblement qui a été la suite de leur suppression. Le dépôt de l'humeur devient plus léger : il est devenu gros comme mon petit doigt...... Il grossira un peu, en devenant plus clair. Mon sang n'est plus noir. Je suis bien contente de mon état. »

Ensuite elle déjeûna, et but un verre d'orgeat.

Après l'avoir éveillée à 2 $\frac{1}{2}$, je lui appris, *à mon tour*, qu'elle avait ses règles. Elle fut fort étonnée que l'on pût partager la conviction qu'elle venait d'en avoir en s'éveillant. Il m'était précieux de lui offrir une preuve évidente de la véracité des témoins de ses sommeils : je le lui fis observer. Cela la rendit un peu moins incrédule : mais jamais elle ne fut confiante. Tout était dû à sa docilité et à sa complaisance pour sa maîtresse.

X I X^e. S O M M E I L.

4 septembre, au matin.

Ce sommeil, commencé à 10 h., a fini à 2.

Après deux *crises* très-légères, la *somnambule* a déjeûné.

Le plus grand calme nous a permis de nous entretenir de beaucoup de choses qui nous intéressaient, et nous concernaient seuls.

Il plut pendant cette matinée. *Pauline* nous dit « qu'elle entendait le bruit de la pluie; mais que, sans le bruit, elle la *sentirait*, parce que, dans l'eau, il y avait de cette *chaleur* que je lui donnais, et qu'il y en avait davantage dans la grêle. »

Des démangeaisons vives dans l'extrémité du nez, l'y faisaient souvent porter la main. Elle se plaignait d'une douleur à une dent de la mâchoire supérieure, en faisant l'observation qu'elle n'avait jamais eu mal aux dents.

« C'est peu de chose, nous dit-elle : je ne sentirai rien de tout cela à mon réveil; mais je resterai avec un enchifrenement. C'est l'humeur, dont je *vois* qu'une partie sortira par le nez : je dois en moucher beaucoup. »

Sa maîtresse la félicita du succès des fumigations prescrites. Mais elle attribuait les démangeaisons qu'elle avait dans les mains, à une
cause qui l'inquiétait. C'est peut-être, dit-elle,
parce que je vous tiens souvent la main, pendant vos sommeils, et que ce qui vous est bon
ne me vaut rien.

« Rassurez-vous, Madame, lui dit *Pauline* ;
rien de plus sain pour vous que d'être où je
suis endormie. Cela ne peut faire que du bien,
même aux personnes en santé.

X X^e. SOMMEIL.

5 septembre, après midi.

Pauline, endormie à 4 h. $\frac{1}{4}$, a eu deux *crises*
légères : elle a été éveillée à 7 h. $\frac{3}{4}$. Une gaîté
soutenue a rendu ce sommeil très-agréable.

X X I^e. SOMMEIL.

6 septembre, au matin.

Il a duré depuis 10 h. jusqu'à 2, dans un
calme parfait, que ne pouvaient troubler deux
crises très-légères.

Un peu d'agitation, vers la fin, a réveillé

notre attention. *Pauline* a refusé d'en dire la cause. Elle s'est bornée à nous assurer que ce qui occupait sa pensée n'intéressait pas son état , quoiqu'il parût que cela y influait un peu.

Remise de ce petit mouvement, et après avoir gardé un assez long silence , elle dit :

« Il me faut encore douze sommeils. Il en faut sept , avant que je commence à cracher le dépôt. Aujourd'hui , il est bien clair , et ne grossira plus. Il n'y a plus d'humeur dans la poitrine ; elle est entièrement passée dans la petite poche, dont la partie inférieure est beaucoup plus grosse que la supérieure. Cette espèce de *gaîne* est placée sur le poumon, comme l'est sur mon sein une rougeur qui y a paru au moment où l'humeur a fermenté. Cette espèce de signe n'est pas douloureux , et il perd de sa rougeur depuis quelques jours. Cette *gaîne*, plus légère aujourd'hui, le sera davantage de main, et paraîtra placée moins bas. »

« Recommandez - moi de boire de l'orgeat pendant l'hiver et le printems prochains. Je ne *vois* pas encore la nécessité d'un autre régime. »

XXII.ᵉ SOMMEIL.

7 septembre, au matin.

Depuis 10 h. $\frac{1}{4}$ jusqu'à 2 h. $\frac{1}{2}$.

Deux *crises* violentes, et des douleurs aiguës, après lesquelles la malade en a attribué la cause à la position du dépôt fixé à la place qu'il ne doit plus quitter.

La gaîté de la conversation ne lui a pas permis de sentir les légères agitations de quelques autres *crises*.

Point de lassitude après le réveil.

XXIII.ᵉ SOMMEIL.

8 septembre, au matin.

Depuis 10 h. jusqu'à 2.

Ce sommeil a été l'un des plus calmes. Deux *crises* ont été à peine sensibles.

Pauline attribue le bien-être qu'elle éprouve, au plaisir qu'elle a de s'entretenir avec la fille de sa maîtresse.

Dans tous les sommeils du matin, *Pauline* déjeûne ; et, quand elle mange du raisin et des poires fondantes, elle ne veut pas boire, parce que ces fruits ont une eau bienfaisante. Mais elle attend toujours, pour déjeûner, qu'elle soit bien pénétrée de la *chaleur*, et que l'humeur soit en fermentation.

Souvent elle a mangé entre deux *crises*.

XXIV°. S o m m e i l.

9 septembre., au matin.

Depuis 10 h. $\frac{1}{4}$ jusqu'à 2 h. $\frac{1}{2}$.

Ce sommeil, calme comme celui qui l'a précédé, s'est passé sans *crises*, et en conversation, comme hier.

« Ma gaîté m'a fait oublier hier , nous dit *Pauline*, de vous annoncer que, le soir même et pendant la nuit , j'aurais un écoulement par le nez. J'ai rendu une partie de l'humeur que le bouleversement que j'ai éprouvé a fait porter à la tête. (*Il faut entendre la membrane pituitaire , et la mâchoire dont une dent a été douloureuse.)* C'est une eau âcre. Une autre partie de ce qui reste, coulera la nuit prochaine. Son odeur est celle d'œufs pourris. J'ai des boutons entre les deux épaules, à la poitrine du côté gauche , où est la rougeur dont je vous ai parlé , aux cuisses et à un

pied. C'est une éruption qui annonce ma
guérison. Tous ces boutons sont très-rouges,
et quelques-uns ont leurs pointes blanches;
c'est du pus. Je commencerai à rendre, par
la bouche, le dépôt *dans cinq sommeils*. Je
suis très-bien. Mes bras qui étaient marbrés,
reprennent leur blancheur. Les couleurs vives
de mon visage sont éteintes : elles sont comme
dans ma meilleure santé. Il ne me reste aucune incertitude sur ma guérison. Mes règles
finiront demain à onze heures du matin, heure
à laquelle elles ont commencé dimanche.

X X V^e. S O M M E I L.

11 septembre, au matin.

Depuis 10 heures jusqu'à 2 ; calme pareil
à celui d'hier. Deux *crises* très-légères.

Ainsi que l'avait prévu la malade, l'humeur
du nez a coulé pendant la nuit du 9 au 10.
Il en reste peu, et nous saurons demain quand
et comment elle achevera de couler.

Ce *sommeil* s'est passé en conversations
qui entretinrent la gaîté.

XXVIe.

XXVI°. Sommeil.

12 septembre, au matin.

Depuis 10 heures jusqu'à 2, très-calme comme le précédent.

Pauline assure que l'intérêt de ses entretiens avec la fille de sa maîtresse, et le plaisir qu'elle y prend, affaiblissent toutes ses *crises*. Elle les sent, mais n'en parle pas.

Elle annonce que le reste de l'humeur coulera cette nuit par le nez, et qu'elle en rendra une demi-tasse. Cet écoulement sera précédé de picotemens qui l'éveilleraient si elle dormait : mais elle *voit* qu'elle ne pourra pas dormir.

Elle a remarqué qu'il y avait aujourd'hui un mois que je l'avais endormie la première fois, et m'a remercié de mes soins et de ma patiente complaisance.

XXVII°. Sommeil.

13 septembre, au matin.

Depuis 10 heures jusqu'à 2 $\frac{1}{2}$, très-calme.

« J'ai rendu, nous dit la malade, le reste

11

de l'humeur par le nez. Je suis débarrassée de
cette partie de mon mal. Peut-être que dès
après-demain je commencerai à rendre une
partie du dépôt de la poitrine. Demain je le
dirai plus positivement.

Elle fit apporter la cuvette dans laquelle
elle avait conservé cette humeur, que je trouvai sans odeur, et d'un verd jaunâtre; et elle
nous dit qu'elle avait eu des nausées qui l'a-
vaient empêchée, de dormir, ainsi qu'elle
l'avait prévu dans le *sommeil* précédent.

X X V I I I*. S O M M E I L.

14 septembre, au matin.

Depuis 10 heures jusqu'à 2.

La malade s'est levée aujourd'hui avec un
enchifrennement, et des douleurs dans le nez.
Elle voit qu'elles sont la suite de l'écoulement
de l'humeur, et qu'elles seront de peu de durée.

Elle conseille à sa maîtresse de faire souvent les fumigations qu'elle lui a prescrites;
et lui assure que les transpirations de sa tête
continueront tout l'hiver prochain, et que
cette crise de lait prolongée, exige qu'elle se
couvre soigneusement la tête.

Elle dira demain quel jour elle commencera à rendre le dépôt de la poitrine.

Dans le calme, qui ne varie plus depuis quelques *sommeils*, elle parle plus franchement du grand danger qu'elle a couru le 1er. de ce mois, et des suites de l'accident qui a retardé sa guérison.

Le tems qu'il fit pendant ce *sommeil* donna lieu à des observations intéressantes. Un vent violent d'ouragan fit battre des croisées ouvertes dans un appartement d'un étage supérieur. *Pauline* n'entendit pas le bruit, et personne ne fit connaître qu'il l'avait entendu. Des carreaux de fenêtre firent un nouveau bruit en se cassant.

« Voilà, nous dit-elle, de l'ouvrage pour le vitrier. — Comment n'avez-vous pas entendu le bruit des croisées ? — Je n'entends pas le vent ; il disperse la *chaleur*, et ne l'assemble pas. Le verre qui se casse laisse échapper beaucoup de ce *fluide*, et je l'entends. Si, lorsque vous fîtes, dans un de *mes sommeils*, frapper, avec une clé, un verre à mes oreilles, on l'eût cassé, je l'aurais entendu.

XXIXe. SOMMEIL.

15 septembre, au matin.

Depuis 10 heures $\frac{1}{4}$ jusqu'à 2 $\frac{1}{2}$.

A peine la malade fut-elle endormie que sa figure s'altéra. Sa poitrine parut oppressée : je lui en demandai la cause. Elle l'attribua à la peur qu'elle avait eue, cette nuit, dans un rêve.

« Je rêvais, dit-elle, que j'étais sur le bord d'un fossé profond. La crainte d'y tomber me donna une forte commotion à la poitrine. J'aurai, tout-à-l'heure, une *crise* violente. »

Après quelques momens marqués par la même oppression, cette *crise* commença, et dura vingt minutes. Des tiraillemens douloureux lui arrachèrent des cris.

« Tout est rétabli, dit-elle, comme avant ce rêve effrayant. »

Cet événement peut servir à prouver combien sont susceptibles les *somnambules ;* combien *il faut les entourer de ménagemens...* Mais qui peut garantir des effets d'un rêve effrayant !

La malade insiste à cette occasion sur les

ménagemens qui lui sont indispensables pendant tout l'hiver.

X X X°. S o m m e i l.

16 septembre, au matin.

Depuis 10 heures $\frac{1}{4}$ jusqu'à 2 heures $\frac{1}{2}$.

Ce *sommeil* était fort calme depuis une
heure, lorsqu'on apporta une corbeille de
fleurs. La domestique qui la mit sur une con-
sole, n'était pas en rapport avec la malade.
Elle ne l'entendit pas : mais elle fut vivement
affectée de l'odeur des fleurs, que je fis retirer.
Le mal était fait. L'oppression qu'elle en res-
sentit ne se passa que par une *crise* assez forte,
qui dura dix minutes.

X X X I°. S o m m e i l.

16 septembre, après midi.

Depuis 4 heures jusqu'à 8. L'oppression qui
avait motivé ce second *sommeil*, se renou-
vela, et disparut par une *crise* médiocrement
forte, qui fut suivie, une heure après, d'une
autre très-légère.

« Je *vois* que je transpirerai beaucoup, la

nuit prochaine; et que, le 19, à 3 heures du matin, je rendrai, par la bouche, une partie du dépôt. »

Ce *sommeil* a été remarquable par une preuve acquise de la possibilité d'obtenir, par une *somnambule*, des notions sur l'état d'une personne malade mise en rapport avec elle, soit par le toucher immédiat, soit par un corps intermédiaire, qui n'aurait touché que cette personne, sans que celle-ci eût touché la *somnambule*.

Un de mes amis, pour guérir ses obstructions, avait suivi long-tems un baquet, chez *Deslon*, élève de *Mesmer*. Il m'avait entendu parler de ma malade, et désirait la voir et la consulter sur les moyens de guérir des maux que le baquet n'avait pas diminués. A sa sollicitation, nous dérogeâmes à la loi de ne point admettre de curieux, parce que celui-ci inspirait de l'intérêt par sa maladie, et par une liaison qui datait avec moi de l'enfance. C'était à ce sommeil qu'il devait être admis. Il y était attendu par la malade prévenue du motif de sa curiosité. J'avais préféré cette séance, parce que je devois y lire le journal de tous les *sommeils* précédens; et que cette lecture mettrait

M. de S. A... très au courant de tout ce
que je n'avais pu qu'esquisser dans nos entretiens, en même tems qu'elle donnerait lieu
à *Pauline* de vérifier l'exactitude de mes notes ;
puisque sa mémoire était très-fidèle, pendant
ses *sommeils*, sur les événemens de chacun
d'eux.

J'avais aussi obtenu de *Pauline* qu'elle toucherait mon ami, qui la consulterait : et, en
entrant chez elle, j'avais touché moi-même
M. de S. A... afin qu'il pût nous aider, si
cette fille avait une de ces *crises* pendant lesquelles elle nous occupait tous à empêcher des
mouvemens qui pouvaient la blesser.

L'une de ces *crises* fut forte, mais point
assez pour exiger le secours de mon ami.

Après une demi-heure de calme, et la
voyant rendue à la gaîté, je lui dis :

« M. de S. A.... attend avec impatience
que vous le touchiez. — Cela n'est pas nécessaire. — Pourquoi ? — Vous l'avez touché :
il est suffisamment en rapport avec moi, pour
que je ne continue pas ce que vous avez commencé, avec l'intention qu'il pourrait vous
aider dans des *crises*. Je m'exposerais au danger
d'un fâcheux bouleversement. Monsieur a du

chagrin : il est même tourmenté par des peines
très-vives. Je lui demande pardon de regarder
comme indispensable la nécessité de ne pas
le satisfaire. »

M. de S. A... convint qu'en effet il se trouvait dans une crise d'affaire où la mauvaise
foi compromettait sa fortune, et que son âme
concentrait encore une peine qu'il ne voulait
pas faire partager à sa famille. Il ne fut donc
que le témoin de ce *sommeil*. Les moyens
simples de le produire changèrent toutes ses
idées sur ceux qu'il avait cru trouver aux
baquets, pour guérir ses obstructions.

Je fis, en sa présence, la lecture des notes
que j'avais écrites sur chaque *sommeil*. La *somnambule* les trouva exactes. Tout ce qui s'était
passé lui était présent. Elle me dit de ne pas
croire que ce journal pût décider la conviction
de ceux qui le connaîtraient, parce que nous
étions encore à une époque où le ridicule ne
permettait pas de changer d'opinion à ceux qui
avaient formé la leur; et que d'ailleurs des
intérêts particuliers étaient et seraient long-
tems d'insurmontables obstacles à l'admission
et à l'usage d'une chose aussi simple.

Mon ami lui demanda si elle pouvait lui

dire pourquoi l'usage du baquet n'avoit pro-
curé qu'une nouvelle sensibilité au foie, sans
guérir ses obstructions... « C'est, lui répondit-elle, parce que l'on a embrouillé ce qui
est simple, et que des abonnemens nombreux
aux baquets rapportent plus d'argent que n'en
procureraient des *somnambules*, qui ne vou-
draient pas s'exposer au danger d'être boule-
versés par la présence de malades qui pourraient
leur nuire, comme vous me nuiriez vous-
même, si je permettais un rapport prolongé
avec vous, pour connaître la cause de vos
obstructions, et leur remède. Lorsque vous
serez sans les inquiétudes qui vous tour-
mentent, un *somnambule* vous sera très-
utile; mais ce ne sera pas moi : ma guérison est
prochaine : je ne dormirai plus de cette manière quand je l'aurai obtenue. »

Cette conversation amenait naturellement à
parler de *Deslon*, médecin de mon ami, qui
demanda à *Pauline* si elle l'avait connu. (Cet
apôtre du *mesmérisme* venait de mourir.)

« Non, dit-elle, mais j'en ai entendu parler
par des personnes qui le tournent en ridicule.
Je les imite quand je suis éveillée. Mais je ne
puis penser de même dans l'état où vous me

voyez. Le moyen dont il se servait imparfaitement, *le met* en rapport avec moi. S'il avait
pu me voir, ses idées auraient changé beaucoup. C'était un homme estimable. Il secoua
les préjugés : mais les oppositions le décou-
ragèrent. »

Nous parlâmes ensuite de *Mesmer*, qu'elle
mit dans la classe des hommes très-éclairés.

« Il aurait dû se borner à dire qu'il avait,
par des expériences, acquis la certitude que
nous pouvions tous communiquer une *chaleur* aux autres, ou en recevoir d'eux ; et à
inviter les médecins à le vérifier avec lui par
de nouvelles. La confiance se serait établie; car
comment ne pas croire à ce que l'on voit soi-
même. Je *vois* très-bien que l'incrédulité que
j'ai étant éveillée, ne tiendrait pas, si je voyais
une *somnambule* comme moi. Mais *Mesmer*
a choqué l'amour-propre, et son ardeur à servir l'humanité l'a perdu. »

Il n'est donc pas, lui dit mon ami, comme
le croit le vulgaire, l'auteur d'une découverte
utile. — C'est la nature qui a tout fait. *Mesmer* est l'indicateur de ce moyen, connu dans
l'Inde, et que l'on pratique, en partie, en
massant. Il est possible que ce médecin ait

été conduit à le perfectionner en Europe par des renseignemens qui lui auraient été transmis.

X X X I I^e. S o m m e i l.

18 septembre, au matin.

Depuis 10 heures jusqu'à 2 heures $\frac{1}{2}$.

L'oppression occasionnée par l'odeur des fleurs a encore été sensible au commencement de ce *sommeil*. Elle a disparu par une *crise* médiocre, et par une autre très-légère.

La malade voit et annonce que la nuit prochaine elle commencera à évacuer l'humeur du dépôt, dont le volume est diminué par la forte transpiration qu'elle éprouve dans ce *sommeil*.

Elle a beaucoup parlé de ce qui intéresse son bonheur, et elle a indiqué ce qui pouvait l'assurer.

Ces détails *pourraient appuyer sa prévoyance ;* mais je les omets ici, comme étant étrangers au *mécanisme* de sa cure, et personnels aux deux dames.

XXXIIIe. Sommeil.

19 septembre, au matin.

Depuis 10 h. $\frac{1}{4}$ jusqu'à 2 h. $\frac{1}{4}$.

Pauline a rendu, cette nuit, par la bouche, près de deux petites tasses de liqueur verte, qu'elle aurait vomi très-limpides, sans le bouleversement qu'elle a eu pendant le sommeil du premier de ce mois. Le peu qui reste sera évacué le jeudi, 21. Les sueurs de la nuit prochaine diminueront le volume de ce reste de dépôt. Elle n'aura plus de *crises* (1). Des baillemens

(1) Dans cet état de *somnambulisme*, comme dans celui où serait un malade *touché* régulièrement, et qui ne deviendrait pas *somnambule*, les *crises* sont une preuve que l'art a fait un grand pas sous l'empire de la médecine que l'on nomme *expectante*, c'est-à-dire, qui attend les effets des médicamens que cet art admirable a obtenus de la nature. En effet, un sage praticien qui sait aider les efforts que fait celle-ci, n'a d'autre intention que celle de préparer une *crise*, et de la diriger au profit du malade. Ici la nature se charge de tout. L'intermédiaire, agent physique très-actif d'une modification du *fluide universel*, n'a besoin que de patience et d'exactitude à surveiller l'exécution des

fréquens et fatigans ont précédé l'évacuation.
Elle insiste de nouveau sur la nécessité des ménagemens à prendre *pendant le mois d'octobre
et tout l'hiver prochain*, ainsi que sur l'usage,
déjà prescrit, de l'orgeat et de la pâte de guimauve.

X X X I Vᵉ. S o m m e i l.

20 septembre, au matin.

Depuis 10 heures jusqu'à 2 heures $\frac{1}{2}$.

La malade a eu, cette nuit, des sueurs abondantes qui ont emporté une partie de l'humeur.
A une heure et demie de la nuit prochaine, elle
aura des baillemens comme hier ; et à deux
heures, elle évacuera le reste de l'humeur.

Il ne lui faut plus que deux sommeils, qui
serviront à la rafraîchir et à la reposer.

prescriptions des médicamens que la nature ajoute au
premier de tous, la fermentation graduée qui prépare
la coction et l'évacuation. La médecine, à dater d'Hippocrate, a tout fait, par ses immenses travaux, pour
se rendre digne de les voir couronner par la plus
riche des découvertes. Ce siècle extraordinaire que
nous commençons sera particulièrement célèbre par
le courage des savans animés par un Prince qui
connaît le prix de tout ce qui reste à conquérir.

Elle a fait une observation sur la pureté de son sang, et sur la moëlle de ses os. L'un est parfaitement purifié, et l'autre n'est plus rouge comme elle l'était lorsque le premier était enflammé.

X X X V^e. S O M M E I L.

21 septembre, au matin.

Depuis 10 heures $\frac{1}{4}$ jusqu'à 3 heures.

Ce sommeil a été très-calme, et très-intéressant par les témoignages de la reconnaissance de *Pauline* envers les personnes qui lui avaient, disait-elle, sauvé la vie.

Elle a, comme elle l'avait annoncé, évacué le reste de l'humeur, et son enveloppe, dont le tissu blanchâtre pouvait être comparé à celui d'une toile d'araignée, qui serait très-serrée. Cette enveloppe surnageait dans la cuvette. *Pauline* me fit remarquer deux ligamens qui étaient à son extrémité.

L'odeur de cette humeur était très-fétide, mais bien plus, avant d'être refroidie. Elle avait donné de fortes nausées, à son passage.

XXXVIe. et dernier SOMMEIL.

22 septembre, au matin.

Depuis 10 heures jusqu'à 3 heures $\frac{1}{2}$.

La prescription des *ménagemens à garder* a été renouvelée plusieurs fois, pendant ce sommeil.

On se rappellera que *Pauline* m'avait demandé de lui donner quelque chose qui pût se garder, et lui rappeler plus particulièrement les motifs de sa reconnaissance. Je le lui avais promis, et j'avais attendu ce dernier sommeil pour la satisfaire.

Nous avions remarqué que, lorsqu'elle était enchifrenée, elle demandait du tabac; et qu'elle avait dit que cette habitude, nouvelle pour elle, pouvait lui être utile.

Cette indication m'avait donné l'idée de préférer une tabatière à toute autre chose.

Ces dames lui firent quelques présens, entre autres, un ruban que sa maîtresse lui mit à son bonnet, et une jolie bague que sa fille lui mit au doigt.

Elles lui dirent qu'elles prenaient possession d'elle, et se chargeaient de son bonheur par reconnaissance de ce qu'elle-même, dans ses sommeils, avait fait pour ses deux maîtresses. La mère et sa fille avaient souvent employé le calme de nos séances à l'entretenir de choses qui les intéressaient, et sur lesquelles les réponses de *Pauline* étaient très-étonnantes, mais très-justes. (Cette partie du journal n'est pas la moins piquante : mais, à cause des rapports personnels, elle est étrangère aux lecteurs.)

Nous voulûmes, à son réveil, jouir de sa surprise lorsqu'elle verrait ce qu'on venait de lui donner, et surtout la tabatière, qui était dans un coin noué de son mouchoir, la bague à son doigt, et le ruban à sa tête : le reste avait été placé dans sa chambre.

Ce réveil, impatiemment attendu par la jeune demoiselle, arrive enfin. Celle-ci voulant jouir de sa surprise, fait remarquer à *Pauline* que ses bras ne sont plus marbrés de rouge, mais très-blancs. *Pauline,* en les regardant, aperçoit la bague, nous regarde, étonnée, et attend la réponse à la demande que ses yeux paraissaient faire. La jeune personne se jette dans les bras de cette fille, qui avait pris soin de son enfance, et lui fait beaucoup d'amitiés. Une des glaces de la chambre fait apercevoir le ruban....

Nouvelle

Nouvelle surprise ; nouveaux témoignages de bonté d'une part, et de reconnaissance de l'autre. Il n'y a plus, pour l'instant, que la boîte à découvrir. La demoiselle redemande à *Pauline* la bourse qu'elle lui avait donnée, le matin, pour payer des chiffons, et qu'elle avait sûrement mise avec la sienne dans le nœud de son mouchoir. *Pauline* étonnée d'y trouver une tabatière, me regarde, l'ouvre ; et y voit un morceau de vélin sur lequel était écrit la date de sa maladie, de sa guérison, ainsi que le motif de ce présent. Une sensibilité que nous partageons tous, ne permet pas à cette fille de s'exprimer autrement que par des larmes, sans deviner pourquoi toutes ces choses lui sont données.

On pourra au moins soupçonner que *Pauline* a quelques motifs de croire aux effets du *somnambulisme*. Non ; elle persiste dans son incrédulité.

Pour essayer de la vaincre, je lui fis quelques jours après la lecture du journal de son traitement.

« Je ne sais pas, me dit-elle, avant d'avoir rien entendu de ce journal, ce que vous m'avez fait : ce que je sais, c'est que je suis

12

très-étonnée d'avoir dormi tous les jours depuis six semaines, et malgré moi. Cependant
je me porte très-bien, et je suis bien plus à
mon aise qu'il y a deux mois. Je veux bien
croire, puisque vous le dites, que je dois ce
que je suis à ce que vous avez fait ; et, certainement, je vous en remercie de tout mon
cœur. »

La lecture du journal fut faite. Elle en entendit tous les détails, à l'exception de ceux
sur sa mort prévue, et sur les grands ména-
nagemens prescrits pour sa santé.

Cela ne servit qu'à donner plus de vivacité à sa reconnaissance, sans augmenter le
peu de confiance qu'elle n'eut jamais que sur
parole. On ne se pouvait douter qu'elle venait
d'être, à son grand avantage, le sujet d'expériences couronnées du succès.

Depuis le 22 septembre, jour du dernier
sommeil, *Pauline* ne cessa point d'être l'objet
des plus grandes attentions de sa maîtresse.
Elle ne sortait jamais seule. On la faisait promener souvent à pied ou en voiture. Elle partageait volontiers avec ces dames le plaisir du
spectacle à la Comédie française. Son embon-
point reprenait, et la gaîté d'un plus jeune

âge (elle avait 24 ans), lui rappelait des jours heureux passés en province avec sa maîtresse, qu'elle servait depuis long-tems.

Ce fut dans ces premiers tems de son retour à la santé, que je fis une observation sur la force du rapport qui subsiste, après la guérison, entre un *somnambule* et la personne qui l'endormit. Je ne pouvais cependant produire cet effet sur *Pauline ;* nous l'avions essayé, mais il y en avait un permanent dont il faut parler.

Lorsqu'elle me trouvait chez sa maîtresse, où j'allais souvent, je m'apercevais que le tremblement de tout son corps, et les couleurs de son visage lui donnaient un air de contrainte qu'elle cherchait à cacher. Ces dames s'en aperçurent : je leur dis qu'il ne fallait pas y faire attention. Un jour, au moment où elles allaient sortir avec moi, *Pauline* présente un éventail et des gants qui échappent de ses mains tremblantes. Elle verse des larmes, et demande la permission de se retirer.

Le soir, sa maîtresse lui dit, en se déshabillant : « vous n'êtes pas aussi maladroite que vous l'étiez tantôt. » Cette remarque ramena les larmes. Beaucoup de bonté engagea *Pau-*

line à chercher avec celle qui la lui témoi-
gnait, et à découvrir la cause de sa contrainte.
Enhardie à parler d'un sentiment qu'elle ne
connaissait pas encore, elle lui dit qu'elle craignait d'en ressentir la chaleur, et qu'il était
inconcevable que ma présence lui retirât bras
et jambes. Une plaisanterie fut la réponse, et
termina l'entretien.

Prévenu de ce qui s'était passé, et que j'avais
remarqué moi-même, comme une sensation
purement mécanique, et de relation entre elle
et moi, de laquelle je voulais voir la *pro-
gression* et la *dégradation*, je la rassurai, en
lui expliquant la cause de son trouble, qui
n'existant qu'en raison de ma présence et de
mon éloignement, était une suite naturelle
de la susceptibilité qu'elle avait eue de s'endormir ; que cette disposition pouvait durer autant
qu'elle aurait besoin des ménagemens qu'il
convenait d'avoir pendant quelques tems.

Ce raisonnement la mit plus à son aise ; car
sa crainte contribuait beaucoup à augmenter
cette sensibilité des organes.

Mais, lui dis-je, vous n'êtes pas maîtresse
de ne pas m'aimer beaucoup. Ce lien est plus
fort que l'amitié ; et, en le sentant se serrer

toujours, on n'a pas à craindre les chances auxquelles on est exposé sous l'empire d'un autre sentiment moins bien réglé. Ce que vous sentirez d'amitié pour moi, je le sentirai toujours aussi fortement pour vous.

Ce ne fut qu'à la fin d'octobre qu'elle put, me dit-elle, me braver. A cette époque, la sensibilité décroissait de son côté comme du mien.

Ce mois d'octobre fut remarquable par un événement qui tient trop à ces expériences faites, avec des attentions infinies, pour n'en pas rendre compte.

Pauline avait annoncé sa mort pour le 15 octobre, si on ne s'était pas servi des moyens qui la sauvèrent. Il faut se rappeler ses expressions. Le 21 août, dans son sixième *sommeil*, elle avait dit :

« Je *vois* que le 9 octobre prochain, j'aurais été d'une gaîté folle ; que le 10., je me serais mise au lit... que le 11, mes dents seraient devenues noires ; que l'inflammation de ma poitrine ne m'aurait pas permis de parler, et que, le 15, je serais morte. »

Le 9 octobre, cette fille fut d'une gaîté qui lui était peu ordinaire. Elle en était elle-même

surprise. (*Sa prédiction lui était inconnue.*)
Son extrême enjoûment dura toute la journée.
On la mena au spectacle ; même folie. Je ne
sais , me dit-elle , ce qui doit m'arriver, mais
je suis heureuse comme une reine. Chacun
prit le parti de rire avec elle. (*Cette singula-
rité me détermina à ne pas la perdre de
vue.*)

Le lendemain 10 , la scène était changée.
Pauline avait peu dormi , et d'un sommeil
agité. J'arrivai à dix heures. Sa maîtresse me
parut fort inquiète , parce que cette fille était,
me dit-elle , très-changée du soir au matin.
En effet, son teint livide et plombé , ses yeux
cernés, son air sombre me frappèrent : elle
était méconnaissable. On fit toute la journée
l'impossible pour l'égayer : rien ne put dissiper
l'abbattement dans lequel elle était.

Le 11 , elle fut moins triste, mais plus af-
faissée , de même le 13 et le 14.

Du 14 au 15, à minuit, sans avoir dormi
que d'un sommeil interrompu , elle eût un
rêve.

« Assise, nous dit-elle, sur mon lit, et surprise par une sensation dont je n'ai pu me
rendre compte, et qui m'avait fait sortir de mes

couvertures, j'ai vu, à terre, à côté de mon lit,
un cercueil. On a mis dedans une femme d'assez
petite taille (c'était la sienne) après l'avoir
ensevelie. Ensuite le cercueil a été fermé, et
les planches clouées. J'ai vu la main qui frap-
pait les clous. J'ai entendu le bruit du marteau. Je voyais ce marteau. Toutes mes facultés étaient dans mes yeux. J'ai pleuré la mort
de cette femme sans savoir qui elle était. La
douleur m'a assoupie : je n'ai pu dormir. Je
me suis levée bien agitée de ce spectacle. Je
sais que c'est une chose étonnante que certains
rêves ; mais ceci n'en est point un : j'ai vu,
je suis sûre de mon fait, quoique tout ait
disparu, je ne sais par où. »

Raconter cette particularité de la susceptibilité de *Pauline*, est tout *ce que je peux
faire, sans l'expliquer ici.*

J'avais eu cependant la plus grande envie
de connaître la cause d'un phénomène dont
la presque totalité se dérobait dans l'obscurité.

Pauline m'avait dit qu'à de certaines époques
je pourrais encore l'endormir. Je ne tardai pas
à en saisir une, lorsque le tems des ménagemens prescrits fut passé. J'avais différé dans
la crainte de lui procurer de nouveau un *som-*

nambulisme suivi , si sa santé s'était altérée depuis sa guérison. Je n'aurais pu lui donner des soins soutenus. Des voyages indispensables ne me le permettaient pas.

Ce ne fut qu'en 1787, après l'hiver, qu'averti qu'elle avait ses règles, je l'endormis. Mais au lieu de deux *sommeils ,* sur lesquels je comptais , je n'en eus qu'un. Le premier fut tout au profit de la curiosité de sa maîtresse. Il détruisit l'espérance du second, en accélérant le cours des règles, qui , étant finies le lendemain, ne donnèrent plus la susceptibilité nécessaire. Dans les intervalles d'une époque à l'autre, tous les efforts ont été vains pour l'endormir. Lorsque la seconde revint, j'étais absent ; et, à mon retour , *Pauline* avait suivi sa maîtresse dans ses terres, où cette dame se fixa (1).

Tels sont les succès obtenus par des moyens très-simples.

Une fille, de vingt-quatre ans, a la poitrine échauffée par une humeur, suite d'une ancienne supression. Ce germe , en se développant, de-

_____

(1) Cette fille est aujourd'hui mère de famille, et habite Paris depuis dix ans.

vait amener une phtisie pulmonaire. Les secours invoqués ordinairement, ne l'auraient pas guérie ; un autre lui est administré.

Avec lui, la nature marche doucement à son but.

Des crises, de l'eau, de l'orgeat, de la pâte de guimauve, quelques loochs dulcifiés par un calmant, la violette, des transpirations, une éruption à la peau sur différentes parties du corps, voilà les remèdes ; les évacuations de l'humeur, voilà l'effet ; le *fluide* universel, *modifié* par une substance animale, voilà la cause ; le *somnambulisme*, voilà le moteur.

Peut-on murmurer contre la nature, et l'accuser d'avoir multiplié les maux, lorsqu'elle est si riche dans un seul de ses remèdes ; lorsque, pour en administrer d'autres avec lui, on est guidé par la prévoyance du malade pour lequel on l'emploie ; lorsque les ministres de cette *modification* sont multipliés eux-mêmes auprès des êtres souffrans, et que l'*analogie*, naturelle entre parens, probable entre amis, rend faciles des secours dont le mécanisme est assuré par la prudence, l'exactitude et le courage, SOUS LA SURVEILLANCE D'UN MÉDECIN HABILE.

Nous insisterons de nouveau sur l'utilité, la nécessité même de la présence d'un homme de l'art. Un seul exemple va nous appuyer.

Nos lecteurs n'ont pas oublié que nous avons dit plus haut qu'une *somnambule* l'avait été quatorze mois. Cette fille, âgée de vingt-deux ans, était rachitique. Elle avait, avec les infirmités qui accompagnent cet état, le sang scorbutique. Chez elle, toutes les liqueurs étaient corrompues. Un dépôt dans la tête, un sous les troisième et quatrième côtes à gauche, un squirre à la matrice, faisaient de ce squelette ambulant l'objet de la compassion publique. Obligée de travailler pour vivre, sa faiblesse lui en ôtait la faculté. Une dame bienfaisante, demeurant à Paris, veut la faire somnambule, la touche, réussit, et la reçoit à demeure dans sa propre maison. Ce phénomène excite la curiosité d'un homme instruit dans l'art de traiter les malades. Il l'a eue somnambule quatorze mois. Tous les cas possibles se sont présentés, jusqu'aux horreurs d'une douloureuse agonie. Saignées multipliées, injections, pansemens, etc., n'exigeaient-ils pas un praticien très-exercé....? *Il était indispensable.* Cette malade ne fut pas seulement guérie par le *som-*

nambulisme, mais encore par une multitude de remèdes dont les formules, dictées par elle, ne pouvaient être bien entendues et bien exécutées que par un homme instruit qui savait se mettre en garde contre les négligences d'exécution.

Une guérison complète fut le fruit de tant de soins, de patience et de peines. La fécondité fut le plus fort argument pour la prouver: quelque tems après, cette fille se maria, conçut et devint mère.

Le journal de ce traitement aurait pu augmenter le nombre de ceux qui ont été publiés: mais l'auteur ne l'a rédigé que pour lui, et quelques amis. Il disait alors que le tems de parler à ceux qui ne pouvaient entendre, n'était pas favorable à une découverte qui suscitait des persécutions à ceux qui l'accueillaient. Vingt ans se sont passés depuis cette époque. Puisse cet estimable philantrope ne pas livrer ses notes au hasard, mais prendre des mesures qui en assurent la publication, si son grand âge ne lui permet pas de la faire !

Si des persécutions se renouvelaient à l'occasion d'une découverte aussi importante à l'humanité, et qu'il faut vérifier encore par des expériences multipliées, ce serait une affaire ajournée, et non jugée. La rapidité avec laquelle marchent aujourd'hui les arts encouragés, ne permettra pas un long ajournement. La mémoire de *Dussault* et de *Bichat* honorée, *Bichat* dont le nom rappelle cette expression : COMBIEN DE CHOSES A OUBLIER ; COMBIEN DE CHOSES A APPRENDRE ! la mémoire de ces hommes célèbres animera le courage de ceux qui, sur la route tracée par eux, rendent hommage à leur dévouement, et à cette ardeur infatigable qui les portait chaque jour au-delà même des succès, pour en obtenir de nouveaux.

En parlant (chapitre 8) de quelques objections faites contre le *somnambulisme* et ses effets, nous avons dû ne pas y joindre la plus forte : c'eût été anticiper inutilement, parce que nos lecteurs avaient besoin, pour la faire eux-mêmes, d'avoir lu le journal de la *somnambule*, rapporté ci-dessus.

Comment, dira-t-on, admettre avec les idées reçues la possibilité de développer les causes de choses passées, de parler pertinemment des présentes, et de porter un œil éclairé sur l'avenir ! La circonscription de cette faculté dans le cercle des choses qui intéressent le *somnam-*

bule ; sa non-extension à celles qui ne l'intéressent pas, ni les personnes en rapport perfectionné avec lui, ne diminuent pas la force
de cette objection. On peut la réduire à ceci : *Il
est inconcevable et impossible que les hommes aient une des perfections qu'il n'est pas
de leur essence d'avoir.*

Nous nous sommes fait cette objection, autant de fois que la malade dont nous avons
rapporté le traitement, nous a donné des preuves de l'existence de cette faculté ; et nous
avons senti la difficulté d'y répondre, ainsi que
l'inutilité de hasarder des conjectures.

Fixés à des démonstrations exactes, il a été
bien constant pour nous que le *somnambule* a
deux modes ou manières d'être ; celle de l'état
ordinaire, qui nous constitue des *êtres* igno-
rans sur le passé et l'avenir, et fort peu éclairés
sur le présent, lorsque nos sens, nos organes
ont leur activité et leur jeu habituel ; et celle,
inconnue long-tems, d'un état où tous les sens
et les organes soumis à une autre action,
donnent à l'intelligence une activité nouvelle.

Comment se fait-il que cette action perfectionne, pour ainsi dire, l'humanité, et lui donne
une faculté d'un être surnaturel ?

C'est la raison qui le demande. C'est aussi la raison qui répond que ce serait une témérité d'aborder une question de cette partie de la Métaphysique, qui a long-tems disserté sur l'âme, son origine, son essence et sa destinée, et à laquelle il faut encore abandonner le droit de s'en occuper publiquement.

Renfermés dans le cercle où l'on peut surprendre quelques secrets à la nature, nous avons dû nous borner à essayer celui qui vient de se montrer sous un jour suffisant pour engager à renouveler son application, et même à la multiplier.

Nos imitateurs peuvent prétendre à des découvertes plus intéressantes que les nôtres.

Les réponses de *Pauline* à des questions sur des matières très-délicates, ne peuvent entrer dans le plan de ces *Essais*, dont l'objet principal est d'exposer la théorie du *fluide universel*, et de démontrer le mécanisme de sa modification par les *substances animales*, au profit des malades. Voilà un but vers lequel l'amour de l'humanité et de la science peut diriger des pas incertains. Le reste, dans ce moment, serait superflu : attendons tout du tems. Le commencement de ce siècle annonce

qu'il ne sera pas arrivé à l'époque où les jeunes-
gens auront mûri l'instruction qu'ils reçoivent,
et seront arrivés à l'âge de toute énergie, que
de grandes vérités auront jeté un grand éclat.

Le désordre et les maux qui le suivent, préparent les révolutions politiques : l'ordre dans
le travail et les recherches qu'il encourage à
faire, donnent aux hommes un nouvel essor,
et font les révolutions dans la science. Il est
peu de vieillards instruits qui ne regrettent de
ne pouvoir être, comme le seront nos enfans,
les témoins de la prospérité et de la gloire d'un
règne sous lequel la valeur et le savoir partagent le même *honneur*.

Si nous nous sommes permis quelquefois
de provoquer *Pauline* sur des sujets intéres-
sans, ç'a été sans sortir de la classe de ceux
qui se lient plus intimement au soulagement
de quelques-uns des maux auxquels l'humanité
est assujettie.

Par exemple, nous avons profité du calme
de ses sommeils pour lui parler plus particulièrement de quelques maladies dont la gravité
et la contagion affaiblissent la population, telles
que la petite vérole, et d'autres qui paraissent
incurables, telles que l'épilepsie, la gale mal

traitée , qui reparaît sous tant de formes quand
on ne la rappelle pas à la peau , pour la guérir.

A la question si un enfant qui n'a pas eu
la petite vérole , et qui en a le germe , était
touché avec assiduité , éprouverait un effet sensible de l'usage de ce moyen ;

Elle a répondu que , dans le cas où il aurait
le germe de cette maladie , la *chaleur* le dé-
velopperait plus promptement , et qu'en la lui
communiquant souvent et sans relâche , s'il
était possible , la maladie serait sans accident ,
pourvu que l'on tînt le malade à l'air ; que la
petite vérole ne devenait dangereuse que lorsqu'on la traitait mal , et comme une maladie
du sang , *et non de la peau* ; ou bien lorsqu'elle était compliquée.

(Si quelque chose peut , après l'inoculation ,
prouver l'existence du germe de cette maladie
dans le tissu cellulaire et non dans le sang ,
c'est la bienfaisante vaccine , dont l'insertion
porte dans la lymphe le *neutralisant* des principes du germe variolique.)

Ne croirait-on pas, disait un jour cette *somnambule* dans l'accès même d'une crise con-
vulsive , que j'ai des attaques du haut - mal ?
Cependant, ma bouche n'écume pas ; et cela me
rassurerait ,

rassurerait, si je n'avais pas d'ailleurs tout sujet
d'être mieux éclairée sur ces crises.

Cette observation nous engagea à lui parler
de l'épilepsie, et de la gale qu'elle donne quand
elle est répercutée.

Je *vois* bien, dit-elle, que l'épilepsie est
l'effet d'une extrême irritation des nerfs ; que
sa cause est une humeur qui les *mord* ; et que
les premiers cherchent à s'en débarrasser, comme
les miens, dans les crises, s'agitent pour me
débarrasser de mon mal. Mais il faudrait me
faire toucher un épileptique ; je dirais la cause
de sa maladie. J'ai cependant ces malades en
horreur, quand je suis éveillée : je ne répugne-
rais pas à en toucher étant endormie.

Auriez-vous cette répugnance pour un ga-
leux ? Non, dit-elle, dans l'état où je suis ; et je
lui serais utile.

Mais, dans le cas où il aurait cessé de l'être
en apparence, et où la gale rentrée lui aurait
donné l'épilepsie, que feriez-vous ?

Je lui conseillerais d'abord, répondit-elle,
de la reprendre. Ce mal ne résisterait pas aux
moyens de guérison que je verrais, si je touchais un malade qui serait épileptique par
la gale. Mais je n'en vois pas plus à présent.

La lecture des ouvrages que nous avons cités, indiquera que beaucoup de praticiens habiles firent aussi des expériences par le *somnambulisme*, qui prouvèrent que la *modification* du *fluide universel* par des substances animales est préférable à celle qui serait faite par les substances minérales ; et que le *somnambulisme* a été un moyen d'*indication* et de *guérison* des maux auxquels ces praticiens l'ont appliqué. Cette vérité doit accélérer la fin du concours établi pour faire valoir le *galvanisme*.

Mais dans une matière où les faits énoncés semblent éloignés de toute vraisemblance, sur un sujet où l'application des principes admis dans les écoles est souvent en contradiction avec la doctrine du *somnambulisme*, il y aurait de la témérité à dire aux lecteurs : *Croyez-nous sur parole*. On veut, quand on fait des sacrifices d'opinions, savoir pourquoi.

Nous leur répéterons que nous avons commencé par douter ; qu'il est raisonnable qu'ils doutent aussi ; que le feu jaillira du caillou, s'ils le frappent comme nous ; et enfin que l'amour de l'humanité a placé au nombre des devoirs d'un jeune médecin celui d'examiner avec soin, sans préjugés, sans préventions, des expériences qui sont déjà faites par d'autres, honorés d'un titre qui les distingue dans la Société. « Le champ de la médecine n'a point » de limites ; la vie entière de celui qui le » cultive n'est qu'une longue et laborieuse édu- » cation qui ne s'achève presque jamais (1). »

Nous ne jetons point dans l'arène un gant pour la dispute. Les écoles, comme la ruche des abeilles laborieuses, ne doivent plus ré-sonner que du bruit de l'empressement au tra-vail....... Mais qu'elles retentissent surtout du cri des êtres souffrans ! Leurs voix pénètrent dans le sanctuaire du Dieu d'*Epidaure.* Elles invoquent des secours ; elles dictent impérieu-sement la loi qui oblige à se rendre capables de les administrer.

Nous n'avons point eu l'intention d'écrire pour ceux qui, sur l'étiquette du sac, ou sur le titre, s'écrient avec mépris : *sottise, je ne lis pas cela.* Ceux-là ne sont pas des juges ; ils ne veulent pas voir les pièces du procès. Il n'y aurait pas même lieu à appeler du juge-ment qu'ils auraient porté.

_____

(1) Le docteur Alibert ; discours cité.

Jeunes gens à qui nous adressons ces *Essais*, ce furent des étudians comme vous qui lurent avec avidité tout ce qui se publiait, il y a vingt ans, sur ce sujet, qui firent les premiers essais du *somnambulisme* avec l'ardeur qui caractérise votre âge, mais sans guide, sans une théorie assise sur des expériences antérieures. Ils furent les prédécesseurs immédiats de ceux qui, rappelés à Paris par le désir de connaître et la volonté d'apprécier une découverte, quittèrent les provinces où ils avaient portés, en sortant de l'école, les fruits de leurs études, pour venir ici grossir la foule des observateurs. On leur doit des expériences bien faites dans les villes de leurs domiciles. Imitez-les : vous avez sur eux un avantage qu'ils ne pouvaient avoir : ils vous le donnent dans leurs ouvrages et dans les *journaux* des *traitemens* qu'ils ont publiés.

Ils ont eu pour imitateurs et pour concurrens des hommes distingués dans toutes les classes de la Société. On trouvait beau de rivaliser de curiosité et d'amour de l'humanité avec ceux que leur état fixait à l'étude du plus utile des arts. Des succès ont signalé ce généreux dévoûment : le vôtre peut avoir la même récompense ; nous vous assurons qu'elle a bien du prix pour un cœur généreux et sensible.

Un Héros, en Italie, n'était pas seulement le guide de la nation française aux combats, à la victoire ; il rendait encore, au milieu des camps, ce solennel hommage aux *sciences*, et il encourageait ainsi les *arts* à de nouvelles conquêtes :

« Les sciences, qui nous ont révélé tant de » secrets, détruit tant de préjugés, sont appe- » lées à nous rendre de plus grands services » encore. De nouvelles vérités, de nouvelles » découvertes nous révèleront des secrets plus » essentiels au bonheur des hommes. »

BONAPARTE,
Général en chef de l'armée d'Italie.

(Lettre au Directoire exécutif ; du quar- tier général de Passeriano, le 27 ven- demiaire an 6.)

RÉCAPITULATION.

DES observations isolées, faites sur la puissance de la nature, sur la simplicité de ses
mouvemens, sur la richesse de ses moyens,
peuvent éveiller la curiosité chez les personnes
que leur position éloigne des préventions, et
dont l'esprit droit et le jugement sain ne de-
mandent que de nouvelles preuves à l'appui
des premières. L'expérience acquise par les
autres, les engage à la fortifier par la leur.
Animées du désir de grossir le tribut que chacun doit à la vérité, elles s'encouragent à pénétrer dans le sanctuaire de son temple, et à
soulever le voile qui la couvre. Mais ces observations sont sans force pour ceux que des
passions, ou des intérêts particuliers, tiennent
enfermés dans un cercle au delà duquel l'a-
mour-propre ne leur permet pas d'aller faire
des aveux qui pourraient affaiblir l'opinion
favorable à l'étendue de leurs connaissances
acquises : aveux généreux que l'homme stu-
dieux n'hésite point à faire en faveur des efforts
de l'esprit humain, dont le domaine ne peut

s'agrandir que par de nouvelles recherches et de nouvelles études. C'est donc dans le nombre des observations, que l'amateur de la science et le curieux des découvertes utiles doivent trouver ce commencement de confiance qui sollicite la leur, et qui les détermine à appuyer des preuves données par des preuves qui seront le résultat de leurs propres expériences. Les rangs des hommes courageux qui, jadis, ont combattu pour assurer au *fluide universel* son empire, sont éclaircis : le reste a posé les armes ; nous ne les invitons pas à les reprendre. La persuasion ne se forme pas au milieu du fracas de l'enthousiasme : son triomphe est plus beau, il est plus glorieux, lorsqu'il est précédé par la raison, qui marche lentement, avec calme, mais qui marque plus profondément la route qu'elle a tenue, et qu'elle indique.

Nous n'avons plus d'écoles où la dispute émousse les armes de la discussion : maîtres et élèves n'ont qu'un même élan vers la science, un même vœu pour sa gloire, un même amour pour l'humanité, à laquelle ils doivent compte de leurs travaux. Le nouvel enseignement a déjà fait ses preuves. Perfectionné sous l'influence qui se fait sentir partout, dépouillé de

tout ce qui le hérissait , présenté sous des formes aimables qui lui furent trop long - tems
étrangères , il a signalé sa puissance dans une
foule d'élèves qui doivent faire distinguer cette
génération de celle qui , pendant quinze ans ,
conserva, sous les drapeaux , l'honneur français,
fixa près d'eux la victoire , et dut s'honorer
d'avoir étendu la science des *Clisson*, des
Bayard et des *Crillon*. C'est à l'abri des lauriers, que la victoire assure à toutes les branches du savoir la végétation la plus brillante.
C'est sous le doux empire de la paix , fruit
d'un nouvel art de la guerre, que la fécondité
va partout étaler les richesses d'un sol heureux
qu'embelliront les arts utiles , qui donnent
plus de droit de présenter aux étrangers le
séduisant attrait des arts d'agrément. C'était à
une époque aussi heureuse, qu'il convenait de
rappeler le souvenir d'une découverte dont les
succès intéressent l'humanité : époque remarquable , où l'on voit dans les jeunes-gens qui
se livrent aux sciences et interrogent la nature,
autant d'empressement que de courage à agrandir son culte. Nous avons dû nous adresser
plus particulièrement à eux : les connaissances
que nous les invitons à acquérir, leur rendront

plus précieuses celles qui , dans le cours de
leurs études, leur ont été présentées par ces
maîtres habiles dont les talens justifient la confiance qui les a placés dans les chaires d'enseignement public. Mais l'appel que nous nous
permettons de faire à cette jeunesse ardente,
ne suffit point, pour préparer en elle la persuasion : notre témoignage doit se fortifier du
témoignage de ceux qui , comme nous, ont
fait des observations, les ont recueillies , et ont
attendu pour les publier un tems favorable à
tous les efforts qu'anime aujourd'hui le plus
généreux encouragement. C'est celui - ci qui
distingue ce siècle du dernier, où une plaisanterie , un sarcasme , un couplet , frappaient à
mort et le novateur et la nouveauté , si un intérêt , une passion dirigeaient les coups portés
par un amour-propre à la disposition duquel
se mettaient trop facilement les armes du pouvoir. A un peu de lumière offerte dans cet ouvrage , doit donc se réunir celle dont chaque
observateur a été frappé. Notre invitation ne
peut avoir de force que par celle de tout praticien exercé dans ce nouvel art , où la nature
simplifie les travaux. Satisfaits d'avoir donné
successivement le même exemple, nous nous

féliciterons tous d'avoir pu survire à ces tems
où beaucoup de maladresse à combattre les
préjugés , et trop de légèreté dans les spectateurs du combat, ont fait ajourner la victoire
à un tems où tous les triomphes sont prouvés
possibles. Parmi les personnes qui ont aussi,
depuis vingt ans , gardé le silence , il en est
dont le témoignage sera d'un grand poids. La
carrière vient de se rouvrir. Qu'ils y rentrent;
leurs noms, leurs talens , leurs succès , ne peuvent qu'animer leur courage. C'est la persévérance qui écartera les obstacles , s'il s'en trouvait sur la ligne à parcourir , pour arriver au
terme où est la récompense d'un bienfait qui
multiplie ceux que l'art de guérir assure à la
Société.

En nous adressant aux personnes qui étu-
dient les sciences, nous n'avons pas dû perdre
de vue cette Société au profit de laquelle elles
les cultivent. Nous aurons atteint le but proposé, si, en inspirant quelqu'intérêt à celle-ci,
nous avons donné un motif de plus à la curiosité des autres, et communiqué plus d'activité à l'empressement qui les porte à augmenter les connaissances utiles. Le plan se
traçait de lui-même : nous l'avons suivi. Ce

n'était pas intervertir l'ordre des idées, que de
ne parler des expériences qui constatent de
nouveaux phénomènes, qu'après avoir exposé
une théorie qui en prépare la régularité. Cette
théorie est fondée sur de grands témoignages ;
les *Brisson*, les *Goussier*, les *Marivetz* en
admettent et en posent les principes : elle est
appuyée par les ouvrages des physiciens, où le
germe de cette doctrine fermente, pour ainsi
dire, à toutes les pages de leurs doctes écrits,
où l'*air*, le *fluide* et le *feu* semblent s'iden-
tifier, et recevoir un hommage présenté par le
génie qui devine la nature, ou qui l'interroge.
L'analogie, ou plutôt, l'identité des phénomènes du *fluide* aggloméré en grandes masses
dans la région atmosphérique, avec celui que
manifestent les expériences de la machine électrique, peut nous conduire à reconnaître ses
mouvemens dans les substances animales, et ses
communications entre elles. Il répugne peu,
sans doute, à la raison d'admettre que nos
corps soient passibles d'une activité rapide et
constante, à laquelle de grandes masses sont
soumises. On ne peut refuser à l'astre brillant
qui nous éclaire, la fonction de vivifier tout ce
qui végète et se meut dans notre monde. La va-

riété des saisons justifie l'hommage rendu à son
élévation, et les regrets donnés à son éloignement. Son influence est incalculable sur tous
les corps. Elle est encore inconnue pour nous,
celle qu'il exerce sur la multitude des mondes
dans le nombre desquels le nôtre n'est pas
soupçonné de tenir le premier rang. L'étude
approfondie de son action ramène les observations à une *unité* précieuse : elle efface des
divergences dont les lignes nous éloignent du
centre : elle affaiblit les couleurs sous lesquelles
se présentent des systêmes qui, en flattant nos
imaginations, les égarent. Cette vaste machine
du monde a un moteur réglé par la puissance
créatrice : tout porte à en admettre la simplicité. Le *fluide universel* admis, est au monde
ce qu'est le levier dans les arts mécaniques :
la puissance de ce premier moyen de mouvoir
les corps, se varie selon les efforts à vaincre;
mais il est toujours le levier, sous toutes les
formes que le besoin et l'industrie ont pu lui
donner. Si cette comparaison ne choque pas,
admettons-là; et avouons que la nature ne fait
qu'élever plus de louanges à son auteur en
régularisant toutes ses merveilles par un seul
moteur, qui se varie et s'approprie au besoin

de vie et de conservation des substances de tous les règnes.

C'est au milieu et sous les loix de ce *fluide* que nous avons reçu la vie, et que nous luttons, pendant quelques années, contre la destruction vers laquelle s'avance, plus ou moins rapidement, tout ce qui est créé. Soumis à toute son activité, les corps ont trois époques, *naître, vivre* et *mourir*. Le mécanisme de ce premier pas, s'il était bien connu, serait bientôt oublié, pour ne plus s'occuper que des moyens de conserver le bienfait de l'existence. Mais à peine parvenus au point où il est le mieux senti, de secrets avertissemens nous annoncent la rapidité de notre passage sur la terre. Les maux et la douleur altèrent l'activité d'une organisation appropriée à la modification du *fluide*. Abandonnés aux forces affaiblies du mécanisme des organes, nous pouvons décupler les premières en obtenant plus d'énergie par une transmission plus abondante de ce principe de vie, que peut communiquer une substance pareille à la nôtre, et assimilée plus parfaitement par *l'analogie*. Et si le mal est assez violent pour résister à cette modification, les remèdes indiqués, employés

avec succès, sont une preuve de plus en faveur d'une théorie qui fait admettre que les
substances du règne végétal doivent leurs propriétés à une modification qui consolide l'empire du fluide sur toute la nature.

De grands pas faits vers cette vérité ont été
marqués par les expériences électriques et gal-
vaniques : et il paraît que dans l'intérieur de
l'Inde imparfaitement connu, la pratique de
masser a pu s'étendre jusqu'à multiplier les
soulagemens que l'art de guérir doit aux infirmités humaines. Ces indications de la puissance des modifications du *fluide* semblaient
préparer un favorable accueil aux preuves que
fournit le *somnambulisme*. Mais la résistance
à admettre des nouveautés était souvent en
France en raison du besoin que l'on a de profiter de leurs succès. En citant peu de faits,
et ne parlant ici que de l'inoculation et de
la vaccine, nous nous écarterons peu de notre
plan, si nous observons que long-tems encore
la mort frappa des victimes, avant que la persuasion de l'utilité de la première parut aux
mères désolées d'avoir perdu les fruits de leurs
amours, le garant de la conservation des enfans non encore attaqués par ce fléau destruc-

teur, la petite vérole. Mais la vérité se fraye
si lentement le chemin qui la conduit vers
nous, que le bienfait de l'inoculation fut
ignoré ou repoussé par les sept huitièmes de
la France, avant que la vaccine vint la remplacer avec de grands avantages, ceux de neutraliser entièrement le *virus,* que l'autre dé-
veloppait.

Malgré les efforts de plusieurs Gouvernemens de l'Europe, ceux de la résistance à cette
pratique sont encore trop multipliés. On n'entend de toutes parts que des objections, qui ne
sont jamais du raisonnement chez le peuple.
C'est lui cependant qu'il faut éclairer sur l'utilité de la vaccine. Mais l'a-t-on fait? Est-ce
un moyen suffisant de propagation que des
journaux? Oui, pour ceux qui les lisent, et
qui réfléchissent : mais pour ceux, ou qui ne
les lisent pas, ou qui ont été dégoûtés d'en
lire par la multiplicité des feuilles publiques
qui n'aguères nous étourdissaient par leur lo-
quacité, non certainement. N'est-on pas jus-
tement étonné de voir les journalistes répéter
successivement, en rendant compte dernière-
ment des travaux du comité central de la vaccine : *chacun sait quels sont ses avantages,*

etc. Non vraiment, chacun ne *sait pas.* Mais
si le journaliste s'est acquitté envers ses abon-
nés, en faisant tout ce qu'il devait faire, le
comité qui a saisi ces moyens de propagation,
n'en a-t-il pas d'autres à sa disposition ? Enno-
blissons celui qui est à l'usage de l'empirisme,
qui multiplie, par l'impression, ses avis, ses
adresses, fait barrer le chemin aux passans,
pour les forcer à les recevoir. Pourquoi ne
rédigerait-on pas une courte instruction qui
serait, plusieurs fois par an, répandue à pro-
fusion dans tous les quartiers habités par le
peuple ? Alors CHACUN SAURAIT, et l'ignorance ne serait pas invincible (1). Mais elle
a d'autres suites qui ne sont pas moins fâ-
cheuses. On entend dire fréquemment par le
peuple : *la vaccine est dangereuse : elle ne
donne pas la petite vérole comme la donne*

(1) En Allemagne, on a publié, *par ordre*, de
ces instructions. On vient d'y proposer des prix aux
praticiens qui auront le plus vacciné. Les curés
peuvent distribuer des instructions dans les campagnes, où les lumières trouvent les épaisses ténèbres de l'ignorance et des préjugés, que des man-
demens de nos prélats combattraient dans leurs
diocèses.

toujours

toujours l'inoculation. Tels enfans sont malades depuis qu'ils ont été vaccinés : d'autres ont fait des maladies très-violentes , et languissent : d'autres sont morts. Ces assertions , adoptées souvent sans examen , éloignent la confiance , et retardent la marche et les succès de cette découverte. Elles motivent donc la nécessité de la petite instruction désirée. Cette instruction doit faire distinguer clairement au vulgaire la différence qui existe entre un moyen qui neutralise un principe , et celui qui le développe. Elle doit contenir des réponses satisfaisantes aux objections du peuple, qui ne peut pas les résoudre. Voilà ce qui l'intéresse. Quant aux inculpations faites à la vaccine , c'est aux praticiens à bien observer jusqu'à quel point elles peuvent être fondées. A l'égard des maladies qu'ont pu faire des enfans vaccinés, il y a peut-être une observation admissible , et applicable aussi à l'inoculation. En général , il y a peu d'enfans , surtout de ceux nourris par un lait étranger et peu *analogue* , et de ceux qui tiennent ou de leurs parens , ou d'un régime alimentaire peu soigné , le germe d'une affection morbifique, qui ne soient destinés à éprouver ,

14

avant la puberté, des révolutions. Nous di-
sons *avant la puberté,* parce que l'on a pu
remarquer que pour perfectionner cette importante crise, la nature veut fortement se
débarrasser de toute matière peccante, et
agir sans obstacle, pour assurer à l'individu
une place plus distincte et plus élevée. Or il
y a plusieurs hypothèses. Dans les premières
semaines après la naissance, si l'enfant a reçu
un mauvais levain, celui-ci a peu de force
encore; l'insertion du vaccin peut avoir l'avantage de soumettre à l'action du neutralisant
le dangereux héritage qu'on lui a transmis.
Dans un âge plus avancé, l'enfant est peut-
être plus près du moment où la nature va se
débarrasser par une crise (et une maladie en
est une) d'un ennemi qui la gêne : alors la
fermentation du vaccin peut en provoquer une
autre, ou coïncider avec elle, et le sujet suc-
comber sous le mal qui l'eût fait périr plus
tard : on en accuse la vaccine, qui a régulièrement parcouru ses périodes, a neutralisé
complétement le *virus* variolique, et est in-
nocente du mal qu'on lui impute. Si la vaccine, en agissant avec la perfection de fermentation reconnue dans ce précieux neutra-

lisant., n'a pas trouvé prêt à fermenter le
principe morbifique, le sujet n'en est pas
moins exposé à la crise. dont se servira tôt
ou tard la nature, et *avant la puberté*. Enfin,
si le sujet est parfaitement sain, le mouvement des liqueurs, souvent peu connu, aux
époques diverses dè la dentition, ou du travail intérieur qui la prépare, n'en admet peut-
être pas un autre ; et la prudence doit ajourner
une opération salutaire dans tous les cas que
la saine physiologie peut admettre. Nous ne
dirons qu'un mot d'un autre mouvement na-
rel, plus observé chez les enfans, plus sensible en eux, et qui se fait du centre à la
circonférence. Il est manifesté par les éruptions boutonneuses, qui sont des espèces de
vésicatoires benins par lesquels l'humeur tend
à s'échapper. C'est encore un travail de la
nature qu'il ne faut pas contrarier.

Ainsi, pour affermir l'empire que doit enfin
obtenir la vaccine, il convient d'aider la nature à accélérer les crises qui doivent délivrer
les enfans de la malignité des mauvais levains,
et les ramener à un état de pureté absolue,
réserve faite du germe du virus variolique aujourd'hui endémique dans nos climats.

Les objections faites contre la vaccine, ne sont que renouveléẹs. On les dirigeait aussi contre l'inoculation (1). Elles prouvent que, dans tous les tems, les hommes sont à peu près les mêmes, et que le mal seul accourt sur eux à pas de géant : la vérité semble toujours tarder à s'approcher de nous : soupçonnerait-elle qu'on balance long-tems à lui faire un bon accueil ?

L'importance de cette digression motive ici l'indulgence du lecteur, qui sentira que nos observations ne sont point étrangères au sujet que nous traitons, et qu'elles se lient à ce que nous avons dit du *somnambulisme.* Cet état n'est pas seulement utile à celui qui y est soumis, et à ceux mis en rapport avec lui ; il donne à un bon observateur des lumières

(1) M. *Goëtz*, inoculateur aussi célèbre que médecin habile, n'a dû ses succès qu'en examinant avec le plus grand soin si les enfans qu'on lui proposait à inoculer, provenaient de parens bien sains ; et en préparant chaque sujet, lorsqu'il avait pu s'assurer, autant qu'il est possible de le faire, que rien ne pouvait, dans le cours du traitement, amener des accidens graves, dont on n'aurait pas manqué d'accuser l'inoculation.

physiologiques qu'il ne faut pas éteindre. Lorsqu'un *malade somnambule* peut, dans le
cours de son traitement, être interrogé sur
divers sujets relatifs à l'économie animale,
sans que ces distractions puissent nuire aux
soins qu'il donne à sa santé, il rectifie les
idées sur bien des points. Nous avons passé rapidement sur les observations que fit *Pauline*,
lorsque nous lui parlâmes de la petite vérole
et de l'inoculation. Nos entretiens sur beaucoup de maladies n'auront véritablement tout
l'intérêt qu'ils peuvent inspirer, qu'au moment
où les observations des personnes, que nous
invitons à en faire, auront multiplié les moyens
de conviction. Le silence que nous nous
sommes imposé à cet égard, peut cependant
être rompu en faveur de deux procédés pré-
servatifs des ravages de la petite vérole. Cette
maladie, et l'inoculation, ont été particulièrement le sujet de conversations suivies,
et reprises plusieurs fois. La nature du venin,
sa fermentation spontanée, ou provoquée par
l'insertion ; les circonstances où se trouvent
les sujets; leur préparation ; leur sexe ; leur
âge plus ou moins rapproché des époques de
la dentition et des révolutions sexuelles ; le

traitement à l'air; les moyens de diriger l'éruption partout et ailleurs qu'aux endroits constamment, jour et nuit, en contact avec ce bain
permanent, froid relativement au sang, et to-
nique où nous a placé la nature; le moment
d'évacuer les restes d'une fermentation qui n'a
pas porté à la peau; l'essence, pour ainsi dire,
de cette maladie, qui est une fièvre particulière divisée en deux paroxismes, *l'invasion*
et la *dessication*; le rang que doivent tenir
les boutons qui ne sont que symptomatiques,
puisque la fièvre seule et les évacuations in-
testinales complètent souvent, sans éruptions,
cette crise maligne et dangereuse; la possibilité d'avoir, dans le cours d'une maladie
aigüe, cette fièvre, distinguée de toutes les
autres par son odeur particulière; l'explication de l'incertitude où l'on est d'avoir eu
ou non la petite vérole, quand on a éprouvé les
crises d'une maladie, pendant laquelle les
crises de celle-là auront été établies, annoncées
à l'observateur par l'odeur fétide de la fièvre
particulière, et terminées par les évacuations;
enfin, rien de ce qui peut intéresser sur cette
matière n'a été oublié : la doctrine adoptée
par les meilleurs inoculateurs, et leur pra-

tique honorée de tant de succès , ont reçu ,
pour nous du moins, une sanction confirma-
tive des ouvrages publiés sur un sujet aussi
important. On distingue parmi eux celui de
M. *Goëtz* , cité ci-dessus.

Un cours fait avec ces moyens sur la vaccine peut porter beaucoup de lumière sur sa
pratique. Ne serait-ce pas servir utilement le
comité central , et répondre au vœu du Gouvernement que de se hâter de faire des expériences dont un des résultats très - heureux
sera de rendre plus parfaitement nuls les efforts
d'un fléau qui porte la désolation dans les
familles , et dont le préservatif nous fait apercevoir déjà les succès dans cette multitude
d'enfans , dont on peut dire , en admirant
leur santé et leur fraîcheur; *cette génération est à l'abri du danger que la nôtre
a couru , et dont une partie a été victime
d'une maladie horrible.* Qu'il se fasse donc
un généreux défi à qui , le premier , présentera aux savans , que le Gouvernement a ap-
pelés au Comité de la vaccine , l'hommage
d'observations bien faites par le *somnanbu-
lisme* sur cette précieuse découverte. Nous
n'entrerons pas, s'il est possible , les derniers

dans la carrière, où nous désirons voir se multiplier les concurrens.

Ce vœu nous ramène aux difficultés dans
le choix des sujets, et à l'invitation de sauver
les contrariétés qui naissent de *l'inanalogie*,
et de prendre toutes les précautions recom-
mandées.

Leur usage et la prudence qui en réglera
l'emploi fortifieront les réponses à faire aux
objections qui se renouvelleront avec d'autant
plus d'activité que la Société a droit de demander à ceux qui cultivent les sciences un
compte exact des résultats de leurs études et
de leurs expériences.

C'est pour la régularité et la précision de
celles-ci que nous avons insisté sur la nécessité d'unir, *dans les mains des médecins*,
ce nouveau moyen à ceux que l'art de guérir
a acquis. Les hommes éclairés qui l'exercent
réunissent toutes les connaissances qui les
rapprochent de la nature. Une théorie simple
se confondra facilement avec celle qui les a déjà
rappelé à simplifier des pratiques erronées qui
hérissaient la science, et qui la faisaient tant
différer de celle qu'enseigna le père de la
médecine, *Hippocrate*, ce dieu de *l'hygiène*,

dont les ouvrages, qui sont parvenus jusqu'à nous, attestent le savoir, et justifient nos regrets sur la perte de ceux que le tems et l'ignorance ont détruits.

En terminant un cours qui nous parut utile, nous regrettions, il y a vingt ans, que les obstacles à sa publication se multipliassent sous les pas de ceux qui, comme nous, avaient acquis des preuves par l'expérience. Le silence imposé à tous les observateurs par les amour-propres, les intérêts, les passions, le charlatanisme des spéculateurs sur une nouveauté piquante, ne pouvait être rompu, lorsque de bien plus grands mouvemens réveillèrent un grand peuple du sommeil de la frivolité. Il convenait d'attendre qu'une longue fermentation eût épuré tant de levains inoculés dans la masse sociale. Le calme le plus heureux, sous les auspices du Monarque qui l'assure, est le présage si long-tems désiré des progrès des sciences, de l'éclat des arts, et de la gloire qu'ils reportent à l'AUTORITÉ qui les protège. C'est elle-même qui, dans l'agi-

tation des camps, indiquait leurs conquêtes,
en prévoyait de nouvelles, et créait ainsi le
motif d'un des plus nobles hommages que les
sciences et les arts puissent être admis à lui
offrir, en citant ses expressions, et le vœu qui
les consacre (1).

(1) Voyez la lettre citée ci-dessus, datée du
camp de *Passeriano*.

FIN.

TABLE.

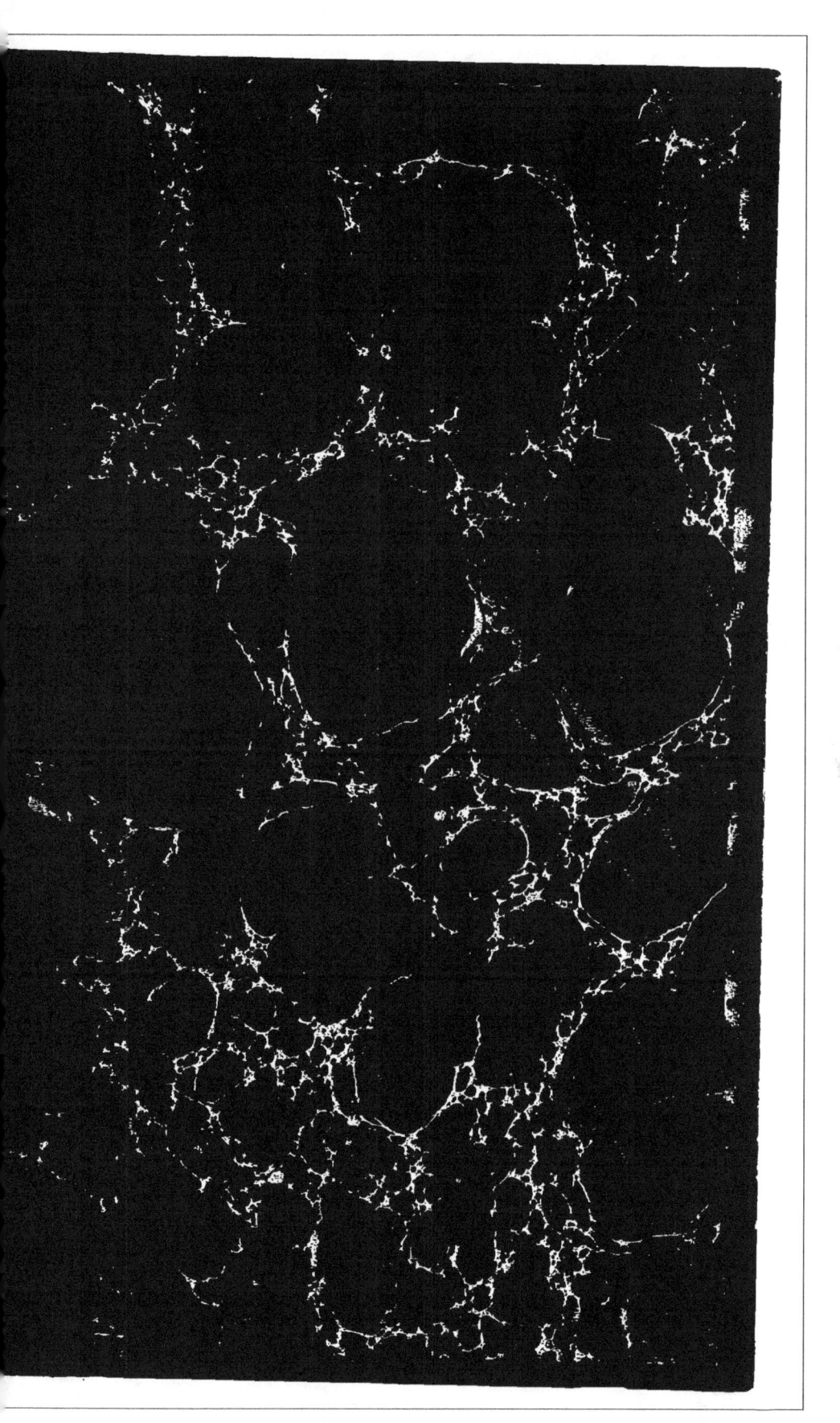